インプレス R&D［NextPublishing］

Haskellで作る
Webアプリケーション

岡本 和樹 ｜ 著
小山内 一由

遠回り
して学ぶ
Yesod
入門

impress
R&D
An impress
Group Company

強力な型システムを持つHaskellの
Webアプリケーションフレームワーク
Yesodを使いこなす！

目次

はじめに ··· 5

本書の内容 ··· 5

Yesodとは ··· 6

お問い合わせ先 ··· 7

リポジトリとサポートについて ·· 7

表記関係について ·· 7

免責事項 ·· 7

底本について ·· 7

第1章 Stackとは ··· 9

1.1 Hello World with Stack ··· 9

    設定ファイルの作成 ·· 9

    ビルド ·· 11

1.2 まとめ ··· 12

第2章 Hello, Yesod! ·· 13

2.1 プロジェクト作成 ··· 13

2.2 生成されたファイル ·· 14

    stack.yaml と hello.cabal ··· 14

    Main.hs ·· 15

    Foundation.hs ·· 15

    routes ·· 16

    Application.hs ·· 16

    Home.hs ··· 17

    Add.hs ··· 18

2.3 まとめ ··· 19

第3章 文字列はString型？ ·· 20

3.1 String ··· 20

3.2 Text ··· 20

3.3 ByteString ··· 21

3.4 まとめ ··· 22

第4章 言語拡張 ·· 23

4.1 言語拡張とは ·· 23

4.2 RecordWildCards ·· 24

コンパイラーオプションで指定 ……………………………………………24
ソースコード中に記述 ………………………………………………24
cabal ファイルに記述 ………………………………………………25
RecordWildCards ………………………………………………25

4.3　TupleSections ………………………………………………………26

4.4　ViewPatterns ………………………………………………………26

4.5　NoImplicitPrelude ……………………………………………………26

4.6　DeriveDataTypeable …………………………………………………27

4.7　TypeFamilies …………………………………………………………27

4.8　GADTs …………………………………………………………………28

4.9　MultiParamTypeClasses ………………………………………………29

4.10　FlexibleContexts ……………………………………………………29

4.11　FlexibleInstances ……………………………………………………29

4.12　EmptyDataDecls ……………………………………………………29

4.13　GeneralizedNewtypeDeriving …………………………………………30

4.14　MonomorphismRestriction ……………………………………………30

4.15　まとめ …………………………………………………………………31

第5章　Template Haskell ………………………………………………32

5.1　生成されるコードを見てみる …………………………………………32

5.2　コード生成 ……………………………………………………………33

5.3　Quasi Quotes …………………………………………………………34

5.4　まとめ …………………………………………………………………34

5.5　参考文献 ………………………………………………………………35

第6章　わいわいWAI …………………………………………………36

6.1　Hello, WAI! …………………………………………………………36

6.2　ルーティング …………………………………………………………37

6.3　クエリーパラメーター …………………………………………………39

6.4　HTTPメソッド ………………………………………………………40

6.5　まとめ …………………………………………………………………42

第7章　ハンドラーとルーティング …………………………………43

7.1　サンプルコードの準備 …………………………………………………43

7.2　ビルド …………………………………………………………………46

7.3　ルーティング …………………………………………………………48

7.4　Homeハンドラー ……………………………………………………48

目次　3

7.5　Comment ハンドラー ･･･ 52

7.6　まとめ ･･･ 52

第8章　Shakespearean テンプレート ･･････････････････････････････････ 54

8.1　Hamlet ･･ 54

8.2　Julius・Lucius・Cassius ･･･ 56

8.3　まとめ ･･･ 56

第9章　データベース ･･ 57

9.1　モデル ･･･ 57

9.2　操作 ･･･ 59

9.3　まとめ ･･･ 61

第10章　Yesod を自習するに当たって ･････････････････････････････････ 62

第11章　Middleware を作ってみよう - Katip によるリクエストロガー ･･･････ 63

11.1　Middleware ･･･ 63

11.2　多機能ロガー Katip ･･･ 64

11.3　リクエストロガーの開発 ･･･ 66

11.4　まとめ ･･･ 73

あとがき ･･･ 74

はじめに

このたびは『遠回りして学ぶYesod入門』を手に取っていただき誠にありがとうございます。

唐突ですが、筆者はHaskellが好きです。

純粋な部分と副作用のある部分とを明確に書き分けることができるHaskellが好きです。

強力な型システムを持つHaskellが好きです。静的に型検査されるHaskellが好きです。

高階関数でよく抽象化されるHaskellが好きです。

とりあえずHaskellが好きです。

この気持ちを誰かに広めたいというのが本書を書いた動機です。

それならば入門書を書くべきじゃないの？と思われるかもしれませんが、すでに入門書としておすすめできるもの[1]がありますので別の形でHaskellの普及に貢献できればと思いました。今のところHaskellは、入門書を読んだ後の道しるべが少ない、書籍としてまとまったものがほぼない[2]ので本書を通じてこの点を少しでも埋めることにしました。ウェブアプリケーション開発にHaskellが使えることを示すことで、Haskellに入門する人が増えるかなという淡い期待もあります。

いろいろ思惑があって書くことにした本書ですが、自分がYesodを始めるときにほしかった内容・構成を思い出しながら書きましたので、きっと役立つもののはずです。Yesodは大きなライブラリーでいろいろな要素が詰まっており最初は大変だとは思いますが、いろいろな要素が詰まっているからこそ、これらを理解することで別のライブラリーを使う場合やみなさんがアプリケーションを書く場合にも応用ができるでしょう。

これを読んだみなさんが生活を便利にするウェブアプリケーションや、あわよくばキラーアプリケーションと呼ばれるものを作ってくれることを期待しています。

本書の内容

本書では、Haskellの入門書程度の内容について読み書きできるようになった方に向けて、現実的なアプリケーションへの第一歩としてYesodを始めるときに知っておくべき情報と、Yesodの初歩的な解説を行っています。またもう1つの目的として、Yesodは比較的重量級のフレームワークであり学習曲線が急峻なのですが、その厚いフレームワークがどんな面倒を見てくれるのか、あえてYesodを使わずにWebアプリケーションを作ってみて、それを理解できることを目指して書きました（ここがタイトルの「遠回り」のゆえん）。

ここまでの情報を簡単に列挙すると次の通りです。

---

1. 筆者がおすすめする入門書は「すごいHaskell たのしく学ぼう！」（Miran Lipovaca著、田中英行・村主崇行共訳／オーム社刊）です。ただし、分かりにくかったという声を聞いたこともあるので、こればかりは自分に合っていないなと思ったら別のものを読むしかないと思います。

2. 日本語で読めるものとして「Real World Haskell ——実戦で学ぶ関数型言語プログラミング」（Bryan O'Sullivan・John Goerzen・Don Stewart著、山下 伸夫・伊東 勝利・株式会社タイムインターメディア訳／オライリー・ジャパン刊）があるにはあるのですが、内容が古くなっており、サンプルプログラムがコンパイルエラーになる箇所も出てきているので、初心者におすすめしにくいです。もしこの書籍を読む場合は、この本が2014年の時点でどこが古くてどこがまだ通用するのかが書かれた山本和彦さんのブログがあるのでこちらを確認しましょう。http://d.hatena.ne.jp/kazu-yamamoto/20140206/1391666962

・対象読者

　—Haskellの入門書程度が読み書きできる人

　—Haskellでより現実的なアプリケーションを書けるようにステップアップしたい人

　—HaskellでWebアプリケーションが作りたい人

・書かれてあること

　—Yesodに入門する前に知っておくべき情報

　　・ビルドツールStack

　　・文字列String・Text・ByteString

　　・Web Application Interface

　　・言語拡張

　　・コンパイル時計算Template Haskell

　—Yesodの初歩的な解説

　　・リクエスト・レスポンス・ルーティング

　　・テンプレート言語Shakespeareanシリーズ

　　・データベース

Yesodとは

YesodはHaskellのウェブアプリケーションフレームワークです。

公式サイト[3]から売り文句を取ってくると次の通りです。

実行時バグをコンパイル時エラーに Turn runtime bugs into compile-time errors

Yesodでは（アプリ内でのリンクの）リンク切れやXSS攻撃に対する脆弱性・文字コード
に関する問題などをコンパイル時に検出できます。（この辺りを検出するために独自の
alt-HTML・alt-JS・alt-CSSを書かないといけないのですが。）

非同期が簡単に Asynchronous made easy

ストレートなコードを書くだけで、グリーンスレッドやイベントベースのシステムコール
でノンブロッキングな非同期な処理になる（そうです）。

スケーラブルで高性能 Scalable and Performant

Yesodはシンプルでよく抽象化されたコードでよいパフォーマンスが出るようになってい
ますが、直接メモリーにアクセスするライブラリーも提供しておりCに近い性能を出すこ
ともできます。（そこまでやったことはありませんが。）

軽量な文法 Light-weight syntax

ルーティングテーブルの準備やデータベーススキーマの作成・フォームの扱いなどの実装で
のボイラープレートをシンプルなDSLを使うことで削除することができます。そしてそれ

3.Yesod Web Framework for Haskellhttp://www.yesodweb.com/

らの DSL はコンパイル時に検査されます。（反対にいうとそれらの DSL を覚える必要があります。これらの DSL がどういう Haskell コードに展開されるのか気になるときもあります。）

お問い合わせ先

本書に関するお問い合わせは kazuki.okamoto+doujin@kakkun61.com まで。

リポジトリとサポートについて

本書に掲載されたコードと正誤表などの情報は、次の URL で公開しています。
https://github.com/impressrd/support_yesod

表記関係について

本書に記載されている会社名、製品名などは、一般に各社の登録商標または商標、商品名です。会社名、製品名については、本文中では ©、®、™マークなどは表示していません。

免責事項

本書に記載された内容は、情報の提供のみを目的としています。したがって、本書を用いた開発、製作、運用は、必ずご自身の責任と判断によって行ってください。これらの情報による開発、製作、運用の結果について、著者はいかなる責任も負いません。

底本について

本書籍は、技術系同人誌即売会「技術書典4」で頒布されたものを底本としています

第1章 Stackとは

‖‖

本章では、まずHaskellで事実上の標準として使われるビルドツールであるStack[1]の紹介をします。Stackを使うことで、ビルド環境の構築や依存ライブラリーの解決がとても楽になります。

‖‖

1.1 Hello World with Stack

まずはHello WorldプログラムをStackでビルドしてみましょう。事前にGHCにパスが通っていないことを確認してください[2]。

設定ファイルの作成

空のディレクトリーを用意して、その中に次の3つのファイルをそれぞれの内容で作成します。hello.cabalファイルを作成した後、作ったディレクトリーをワーキングディレクトリーとしてstack initコマンドを実行すると、対話形式でstack.ymlファイルを作成することもできます。

リスト1.1: Main.hs

```
main = putStrLn "Hello World"
```

リスト1.2: hello.cabal

```
name:          hello
version:       1.0.0
cabal-version: >= 1.8
build-type:    Simple

executable hello
  main-is:         Main.hs
  hs-source-dirs:  .
  ghc-options:     -Wall
```

1.The Haskell Tool Stackhttp://haskellstack.org/

2.system-ghc という設定項目もあるように別途インストールした GHC を使うこともできますが、resolver と違うバージョンの GHC にパスが通っていた場合の挙動でハマりそうなので、ここでは迂回します。（resolver については後述）https://github.com/commercialhaskell/stack/blob/master/doc/yaml_configuration.md#system-ghc

```
build-depends:   base >= 4 && < 5
```

リスト 1.3: stack.yaml

```
resolver:   lts-5.15
packages:
  - '.'
```

まず、hello.cabal から説明します。このファイルではパッケージについてのメタ情報が記述されます。ここで利用されるパッケージの形式は Cabal[3] と呼ばれるものです。次にその内容を説明します。

- hello という名前のパッケージで
- バージョンが 1.0.0 で
- Cabal のバージョンが 1.8 以上で
- build-type が Simple である（後述）
- executable で hello（Windows なら hello.exe）という実行ファイルを生成することを指示し
- エントリーポイントは Main.hs ファイルで
- ソースファイルのあるディレクトリーが "." で（今回は Main.hs を hello.cabal と同じディレクトリーに置いてある）
- GHC コンパイル時に -Wall オプションを指定して
- バージョン 4 以上 5 未満の base パッケージに依存している

build-type は C プリプロセッサー以外のプリプロセスをしたり、動的にソースを生成したりしない場合は Simple で構いません。

base パッケージには Prelude モジュールが含まれています。

次に stack.yaml ファイルの解説をします。そのために、まず Stackage[4] の解説をします。

元々（今でも）Cabal 形式のパッケージは Hackage というアーカイブにまとめられています。そしてユーザーは依存するパッケージを cabal ファイルに書いて使っていたのですが、依存するパッケージが多くなってくると困ったことが発生します。

例えば、あなたのパッケージが A と B というパッケージに依存していたとします。そしていざコンパイルしようとすると A はパッケージ C のバージョン 1 に、B は C のバージョン 2 に依存していることが分かりました。こうなると依存関係が解決できずにエラーとなります。この場合、B のバージョンを C のバージョン 1 に依存しているところまで落とすことで解決できます。

パッケージが数個の場合なら解決は比較的簡単ですが Yesod などの大規模ライブラリーの場合最終的に 200 ほどのパッケージに依存していて自力解決はとても困難でした。

そこで主要なパッケージをいくつか選んでそれら全てのパッケージの依存関係が解決された

3.The Haskell Cabalhttps://www.haskell.org/cabal/

4.Stackage Serverhttps://www.stackage.org/

状態のパッケージの集合が作られるようになりました。それがStackageです。

　ここでやっとstack.yamlのresolverが出てきます。resolverは、Stackageに加えてGHCのバージョンも固定されたものです。lts-x.xでLong Term Supportのバージョンを指定し、nightly-yyyy-dd-mmで毎日のバージョンを指定します。基本的にはLTSの最新を指定しましょう。resolverでライブラリーのバージョンが固定されるので普通cabalファイルにはライブラリーのバージョンを記述しません。

　stack.yamlの設定項目について、packagesはstack.yamlからのhello.cabalへの相対パスを指定します。ここでは"."です。

ビルド

　設定ファイルの説明は終わったので実際にビルドしてみましょう。

　筆者の環境は次の通りです。ここではその前提で進めていきます。

・Ubuntu Server 16.04

・Stack 1.6.3

・Stackage LTS 11.13

　まずはstackコマンドのインストールです。基本的には実行ファイル1つだけダウンロードしてくればよいのですが、Windows用のインストーラーやUbuntu用のaptリポジトリーが用意されているので公式のインストール手順[5]に従った方がよいでしょう。

　Main.hsファイルのあるディレクトリーに移動し、stack setupでGHCのダウンロードとインストール、パッケージのリストのダウンロードを行ないます。

```
$ stack setup
Preparing to install GHC to an isolated location.
This will not interfere with any system-level installation.
Downloaded ghc-7.10.3.
Installed GHC.
stack will use a locally installed GHC
For more information on paths, see 'stack path' and 'stack exec
env'
To use this GHC and packages outside of a project, consider using:
stack ghc, stack ghci, stack runghc, or stack exec
```

　これでセットアップはできたので、stack buildでビルドを行います。（下記の出力は一部に絶対パスが含まれてことと、誌面の関係で修正しています。）

```
$ stack build
hello-1.0.0: configure
```

5.http://docs.haskellstack.org/en/stable/install_and_upgrade/

```
Configuring hello-1.0.0...
hello-1.0.0: build
Preprocessing executable 'hello' for hello-1.0.0...
[1 of 1
Compiling Main
      ( Main.hs,
        .stack-work/dist/x86_64-linux/Cabal-1.22.5.0/build/... )

Main.hs:1:1: Warning:
    Top-level binding with no type signature: main :: IO ()
Linking
.stack-work/dist/x86_64-linux/Cabal-1.22.5.0/build/hello/hello ...
hello-1.0.0: copy/register
Installing executable(s) in
.stack-work/install/x86_64-linux/lts-5.15/7.10.3/bin
```

　hello.cabalで-Wallを指定したので、「トップレベルで宣言した関数に型注釈がない」という
警告が出ていますね。
　上記の出力にあるように、生成されたファイルは.stack-work/install/x86_64-linux/lts-5.15/
7.10.3/binにあるので、これを直接指定して実行することもできますが、stack exec コマンド
を使うことで実行することもできます。

```
$ stack exec hello
Hello World
```

1.2　まとめ

　この章ではStackを使ってパッケージを作成しビルドする方法と、Stackageが何であるかに
ついて学びました。次章では、Yesodのテンプレートプロジェクトを例にYesodのソースコー
ドを紹介します。

第2章　Hello, Yesod!

本章では、Yesodのテンプレートプロジェクトを例にソースコードを見ていきます。

2.1　プロジェクト作成

まずはYesodのコードがどういうものなのか雰囲気を知るために、テンプレートをビルドして実行してみましょう。任意のディレクトリーで下記コマンドを実行すると、yesod-minimalというプロジェクトテンプレートからhelloというプロジェクトがhelloディレクトリーの下に作成されます[1]。

```
stack new hello yesod-minimal --resolver lts-11.13
```

このコマンドを実行すると下記のファイルが生成されます。
・hello/
　—.dir-locals.el
　—.gitignore
　—Add.hs
　—Application.hs
　—Foundation.hs
　—hello.cabal
　—Home.hs
　—Main.hs
　—routes
　—stack.yaml

ちなみにStackにどのようなテンプレートがあるかはstack templatesコマンドで一覧することができます。

次節でそれぞれのファイルの中身をみていきましょう。

---

1. このコマンドでエラーが出た場合は、「7.1 サンプルコードの準備」に書いてある回避策が有効かもしれません。

2.2 生成されたファイル

.dir-locals.el と.gitignore はここでの本質ではないので省きます。リスト 2.1 は自動的に挿入されるコメントを削除しています。stack.yaml・hello.cabal・Main.ha・Foundation.hs・Application.hs・routes・Home.hs・Add.hs の順に示します。

ここでは、雰囲気を感じる程度で構いません。Haskell の入門書では見たことがない文法がいくつもあることが分かるでしょう。これが読めるようになることが本書の目標の1つです。

stack.yaml と hello.cabal

リスト 2.1: stack.yaml

```
resolver: lts-5.15
packages:
- '.'
extra-deps: []
flags: {}
extra-package-dbs: []
```

リスト 2.2: hello.cabal

```
name:                hello
version:             0.0.0
cabal-version:       >= 1.8
build-type:          Simple
extra-source-files:  routes

executable           hello
  main-is:           Main.hs
  other-modules:     Application
                     Foundation

                     Add
                     Home

  ghc-options:       -Wall -fwarn-tabs -O2

  build-depends:  base
               , yesod-core

  ghc-options:       -threaded -O2 -rtsopts -with-rtsopts=-N
```

リスト 2.1 とリスト 2.2 は、ほぼ第 1 章「Stack とは」で解説した通りですね。

14 | 第 2 章 Hello, Yesod!

extra-source-filesに指定されているroutesは後で出てきます。GHCのオプション
の詳細はここでは解説しないので公式リファレンス等を参考にしてください。

Main.hs

リスト2.3: Main.hs

```
import Application () -- for YesodDispatch instance
import Foundation
import Yesod.Core


main :: IO ()
main = warp 3000 App
```

　リスト2.3にmain関数があります。Yesod.Coreモジュールにあるwarp関数で3000番ポー
トを指定してサーバーを起動します。warpの型は次の通り。AppはYesodDispatch型クラ
スのなんらかのインスタンスだということが分かりますが、詳細は次項のリスト2.4で解説し
ます。

```
warp :: YesodDispatch site => Int -> site -> IO ()
```

　ところでimport Application ()の行は何もインポートしていませんし、消してしまっ
てもよいでしょうか？いえいえ、このコードがあるのとないのではプログラムの意味が変わり
ます。Applicationモジュールでは型クラスのインスタンス定義があるのですが、その型ク
ラスと型は別モジュールで定義されているのでインポートするもの自体はないのです。

Foundation.hs

リスト2.4: Foundation.hs

```
{-# LANGUAGE OverloadedStrings #-}
{-# LANGUAGE TemplateHaskell   #-}
{-# LANGUAGE TypeFamilies      #-}
{-# LANGUAGE ViewPatterns      #-}
module Foundation where


import Yesod.Core


data App = App


mkYesodData "App" $(parseRoutesFile "routes")
```

第2章　Hello, Yesod!　　15

```
instance Yesod App
```

リスト2.4では、4つの言語拡張が指定されています。言語拡張については第4章「言語拡張」で解説します。

そしてApp型を定義しています。次の行に注意してください。$(parseRoutesFile "routes")の部分は$もしくは括弧のどちらかを消しても同じ意味になりそうですが、なりません。TemplateHaskell拡張が有効なとき$(…)はこの形で1つの意味をもちます。詳しくは第5章「Template Haskell」で解説しますが、簡単に言えばコンパイル時コード生成をしています。

mkYesodData "App" $(parseRoutesFile "routes")の全体も実はコンパイル時コード生成で置き換えられます。

最後の行ではインスタンス定義をしています。Yesod型クラスは何もメソッドを実装しなくてよいようですね。

routes

リスト2.5: routes

```
/               HomeR GET
/add/#Int/#Int AddR   GET
```

リスト2.5はHaskellコードではありませんが、リスト2.2でextra-source-filesと指定されていたようにソースです。リスト2.4の$(parseRoutesFile "routes")の部分でコンパイル時に読み込まれてHaskellのコードに変換されます。

ファイルの中身はルーティングを表しています。HTTPのGETメソッドで/にアクセスが来ればHomeRを、GETで/add/#Int/#IntならAddRを呼び出しそうですね。パスの#Intの部分はいかにもパターンマッチをしそうです。

Application.hs

リスト2.6: Application.hs

```
{-# LANGUAGE OverloadedStrings    #-}
{-# LANGUAGE TemplateHaskell      #-}
{-# LANGUAGE ViewPatterns         #-}

{-# OPTIONS_GHC -fno-warn-orphans #-}
module Application where
```

```
import Foundation
import Yesod.Core

import Add
import Home

mkYesodDispatch "App" resourcesApp
```

　リスト2.6は前述の通りだとインスタンス定義があるはずです。あれ、ありませんね？ということは、そう、ここでもコード生成が行われます。

　mkYesodDispatchの行が置き換えられます。別モジュールで定義されている型クラスと型に対してインスタンス定義していることはすでに述べた通りですが、そういったインスタンスのことをorphan instance（親のいないインスタンス）と呼び、警告が出るので、ここではGHCに-fno-warn-orphansを指示して警告を抑えています。

Home.hs

　リスト2.5に出てきたHomeRですね。/にGETメソッドでアクセスするとgetHomeRが呼ばれます。

　おおざっぱに解説すると、HtmlからHTMLを返すことが分かります。defaultLayoutの引数はHTML・JavaScript・CSSの内容を表わすDSLになっていて、setTitleでタイトル、そして[whamlet|…]という変わった構文でHTML本体を表しています。

　これはquasi quotes（準引用）と呼ばれる拡張文法で、この部分はコンパイル時に通常のHaskellコードに置き換えられます。@{AddR 5 7}の部分が、routesの記述に照し合わせて/add/5/7になります。詳しくは第5章「Template Haskell」で解説します。

リスト2.7: Home.hs

```
{-# LANGUAGE OverloadedStrings #-}
{-# LANGUAGE QuasiQuotes       #-}
module Home where

import Foundation
import Yesod.Core

getHomeR :: Handler Html
getHomeR = defaultLayout $ do
    setTitle "Minimal Multifile"
    [whamlet|
        <p>
            <a href=@{AddR 5 7}>HTML addition
```

第2章　Hello, Yesod!　17

```
        <p>
           <a href=@{AddR 5 7}?_accept=application/json>JSON
addition
    |]
```

Yesodでは、HTML・JavaScript・CSSからなるパーツをウィジェット（widget）と呼んでいて、Hamletというalt-HTMLで書かれたパーツということでwhamletと書かれています。HamletはShakespeareanテンプレートという言語セットのひとつで、他にalt-JSとしてJulius、alt-CSSとしてLuciusとCassiusがあります。詳しくは第8章「Shakespeareanテンプレート」で解説します。

Add.hs

リスト2.8: Add.hs

```haskell
{-# LANGUAGE OverloadedStrings #-}
{-# LANGUAGE QuasiQuotes       #-}
module Add where

import Foundation
import Yesod.Core

getAddR :: Int -> Int -> Handler TypedContent
getAddR x y = selectRep $ do
    provideRep $ defaultLayout $ do
        setTitle "Addition"
        [whamlet|#{x} + #{y} = #{z}|]
    provideJson $ object ["result" .= z]
  where
    z = x + y
```

defaultLayout以降はgetHomeRと同じようですが、それより手前にselectRepとprovideRepが挟まっています。これはクライアントの要求するメディアタイプ（HTTPのAcceptの値）によって処理を分けるためのコードです。

getHomeRを見ると<a href=@{AddR 5 7}?_accept=application/json>JSON additionとありますが、Yesodでは標準では_acceptパラメーターでHTTPのAcceptヘッダーを上書きするようになっています[2]。つまり、これはAccept: application/jsonのリクエストを送ることと同じ意味で、受けたサーバーはprovideJson側の処理をします。

---

2. ミドルウェア（middleware）と呼ばれる部分で処理していて、それについては「11.1 Middleware」で言及しています。

`object ["result" .= z]`はAeson[3]パッケージのAPIで、`{"result" = 0}`のような JSONが生成されます。

2.3　まとめ

この章では、`stack new hello yesod-minimal`で生成されるコードを見ながら、どの ような技術が使われているのかの概要を解説しました。それぞれの詳細は、以降の各章で解説 します。

3.aeson :: Stackage Serverhttps://www.stackage.org/package/aeson

第3章　文字列はString型？

||||||||||||||||||||||||||||||||||||||||||||||||||||||||||||||||||||||||||||||||||||||||||||
入門書では文字列といえばString型ですが、Yesodでは文字列Text型を使います。本章では
StringとTextそしてByteStringについて説明します。
||||||||||||||||||||||||||||||||||||||||||||||||||||||||||||||||||||||||||||||||||||||||||||

3.1 String

String型は[Char]の別名、つまり単に文字のリストですね。メモリーに文字列のデータ
がそのまま格納されずに多くの参照やメタデータ（型そのものについての情報）を含むため空
間効率が悪く、またリストを辿る必要があるために連結やn文字目を取り出すといった処理の
時間効率も悪いのです。

重めの文字列処理をする場合、特に理由のない限りはStringは使わない方がよいでしょう。

3.2 Text

Text型は先述の通りYesodで使われている文字列です。textパッケージで提供されます。
Textを使ったサンプルコードを紹介します。

リスト3.1: Main.hs

```
import qualified Data.Text    as T (pack)
import qualified Data.Text.IO as T (putStrLn)

main :: IO ()
main = T.putStrLn (T.pack "こんにちは")
```

ここでのpackとputStrLnの型は次の通りです。

```
pack :: String -> Text
putStrLn :: Text -> IO ()
```

pack関数で毎回リテラルを変換するのは面倒なので、OverloadedStrings言語拡張を使うこ
とで次のように楽に書けます。"こんにちは"をそのままText型として扱えます。

リスト 3.2: Main.hs

```
{-# LANGUAGE OverloadedStrings #-}

import qualified Data.Text.IO as T (putStrLn)

main :: IO ()
main = T.putStrLn "こんにちは"
```

Text型は文字を認識して処理がされます。例えばlength関数でバイト数ではなく文字数がきちんと数えられます。

3.3 ByteString

最後にByteString型です。こちらは『すごいHaskellたのしく学ぼう！』にも出てきました。bytestringパッケージで提供されます。

ByteString型は文字列というよりバイトの配列だととらえた方がよいでしょう。例えば次のコードは「あ」を出力するかと思いきや "B" が出力されます。

OverloadedStringsを有効にした場合、StringからByteStringへの変換が行われ、各CharがWord8に変換されるのですが、このとき8ビットに切り詰められます。「あ」をUTF-32エンコードすると3042で下位8ビットの42は "B" となるのです。この変換についてはIsStringクラスのfromString関数を調べてください。

リスト 3.3: Main.hs

```
{-# LANGUAGE OverloadedStrings #-}

import qualified Data.ByteString as B

main :: IO ()
main = B.putStrLn "あ" -- => B
```

また、ByteStringには正格評価のものと遅延評価のものとが用意されています。上記は正格評価のもので、遅延のものはData.ByteString.Lazyモジュールにあります。遅延のByteStringはある程度の長さの正格のByteStringの遅延リストになっています。基本的に使い方は変わりません。無限の長さのByteStringを扱うときなどはこちらを利用してください。

3.4 まとめ

この章では文字列を扱う型であるString・ByteString・Textと、それぞれのマルチバイト文字の扱い、遅延と正格の2つの型があることについて学びました。

どの文字列を使うかですが、マルチバイト文字の文字列を表現するにはTextを使うのが無難ということになります。

第4章　言語拡張

||||||||||||||||||||||||||||||||||||||||||||||||||||||||||||||||||||||||||||||||||||||||||||||||||||||||||||
Yesodのテンプレートには最初からたくさんの言語拡張が有効になっています。本章ではこれ
らを解説していきます。

||||||||||||||||||||||||||||||||||||||||||||||||||||||||||||||||||||||||||||||||||||||||||||||||||||||||||||

4.1　言語拡張とは

　言語拡張は、それを有効にするとHaskellの追加の文法（とそれにともなう意味）を使用でき
るようになります。言語拡張はHaskellの仕様書Haskell 2010 Report[1]で定義されていて、GHC
で実装されているものは`Language.Haskell.Extension`モジュールの`KnownExtension`
型で確認することができます。このことはGHCのユーザーガイド[2]に書かれています。

　`stack new hello yesod-simple`によってStackプロジェクトを作成したときに有効に
される次の拡張について解説します。OverloadedStringsは第3章「文字列はString型？」で解説
済みなのでここでは割愛します。TemplateHaskellとQuasiQuotesは第5章「Template Haskell」
に別で章立てして解説します。

- OverloadedStrings
- RecordWildCards
- TupleSections
- ViewPatterns
- NoImplicitPrelude
- DeriveDataTypeable
- TypeFamilies
- GADTs
- MultiParamTypeClasses
- FlexibleContexts
- FlexibleInstances
- EmptyDataDecls
- GeneralizedNewtypeDeriving

1.Haskell 2010 Reporthttps://wiki.haskell.org/Language_and_library_specification

2.GHC Users Guidehttps://wiki.haskell.org/GHC

第4章　言語拡張　23

- NoMonomorphismRestriction
- TemplateHaskell
- QuasiQuotes

4.2 RecordWildCards

まず初めにRecordWildCardsを例に、言語拡張を有効にする方法を含めて解説していきます。言語拡張を有効にするには次の3つの方法があります。

- コンパイラーオプションで指定
- ソースコード中に記述
- cabalファイルに記述

コンパイラーオプションで指定

GHCのコマンドに、-XRecordWildCardsというように指定します。

```
$ ghc -XRecordWildCards …
$ ghci -XRecordWildCards …
$ runhaskell -XRecordWildCards …
$ stack ghc -- -XRecordWildCards …
```

stack経由でGHCを呼び出す場合、GHCにオプションを渡すためには--の後ろにオプションを書きます。

ソースコード中に記述

第3章「文字列はString型?」でOverloadedStringsを有効にしたときの方法ですね。ソースコードの最初にリスト4.1のように記述します。

複数指定する場合はカンマで区切るか、複数行記述するかします。混在させることもできます。

リスト4.1: RecordWildCards拡張を有効にする

```
{-# LANGUAGE RecordWildCards #-}
```

リスト4.2: Foo拡張とBar拡張とBaz拡張を有効にする

```
{-# LANGUAGE Foo, Bar #-}
{-# LANGUAGE Baz #-}
```

cabal ファイルに記述

　cabal ファイルに記述する場合はリスト 4.3 のように executable 項目の子項目として extensions 項目を記述します。

リスト 4.3: RecordWildCards 拡張を有効にする

```
name:          hello
version:       1.0.0
cabal-version: >= 1.8
build-type:    Simple

executable hello
  main-is:        Main.hs
  hs-source-dirs: .
  ghc-options:    -Wall
  build-depends:  base
  extensions:     RecordWildCards -- ここ
```

　リスト 4.4 のように複数指定する場合はカンマで区切るか、改行して区切るか、extensions 項目を複数記述します。混在させることもできます。

リスト 4.4: Foo 拡張と Bar 拡張と Baz 拡張と Qux 拡張を有効にする

```
  extensions:     Foo, Bar
                  Baz
  extensions:     Qux
```

　拡張を無効にする場合は、例えば RecordWildCards 拡張ならばここまで RecordWildCards と記述してきたところを NoRecordWildCards と記述します。

　有効にする方法の使い分けについては、パッケージ内のほぼ全てのソースで利用する拡張ならば cabal ファイルに記述し、少数のソースで利用するならばソースコード中に記述するのがよいと筆者は考えています。拡張を利用したソースコードを拡張の有効化なしにコンパイルすると当然エラーとなるので、このどちらかで記述して -XRecordWildCards オプションは使用しないようにすべきでしょう。

RecordWildCards

　拡張の有効化方法が分かったところで、RecordWildCards の説明に入ります。これはフィールドがたくさんあるレコードを扱うときの記述が簡単になる、糖衣構文が使えるようになります。リスト 4.5 のコードのプライム（′）なしが素のコード、プライムありが拡張を利用したコードです。（以降もこの命名規則を用います。）

リスト4.5: RecordWildCards

```
data T = T { a :: Int, b :: Int, c :: Int, d :: Int }

det  T { a = a, b = b, c = c, d = d } = a * d - b * c
det' T {..} = a * d - b * c

mkT  a b c d = T { a = a, b = b, c = c, d = d }
mkT' a b c d = T {..}
```

　レコードのフィールドのラベルと同名の変数を導入するときと、ラベルと同名の変数があり
それをそのフィールドにするときに..で省略することができます。

4.3　TupleSections

　リスト4.6のようにタプルに対して部分適用ができるようになります。

リスト4.6: TupleSections

```
ts  = \a -> (a, 1, 2)
ts' = (, 1, 2)
```

4.4　ViewPatterns

　ViewPatternsはリスト4.7のように、関数の引数に関数適用した値でパターンマッチできる
ようになります。

リスト4.7: ViewPatterns

```
g  :: [(String, Foo)] -> Bar
g  a = case lookup "foo" a of
         Just b  -> undefined
         _       -> undefined
g' :: [(String, Foo)] -> Bar
g' (lookup "foo" -> Just b) = undefined
g' _                        = undefined
```

4.5　NoImplicitPrelude

　NoImplicitPreludeは暗黙のPreludeモジュールのインポートをしなくなります。

26　第4章　言語拡張

4.6 DeriveDataTypeable

DeriveDataTypeableを有効にするとData型クラス・Typeable型クラスのインスタンスの自動導出ができるようになります。これらの型クラスは実行時の型情報を取得するために使用します。内部表現に関わるもののため、GHCではTypeable型クラスのインスタンスを手で書くことは禁止されています。

4.7 TypeFamilies

TypeFamilies拡張はリスト4.8のように型族やデータ族を使えるようにします。型レベルプログラミングをする場合に利用します。（リスト4.8のコードは特に意味のないコードです。）

リスト4.8: TypeFamilies

```
-- 型族
type family TF a :: *
type instance TF Int = Double
type instance TF Bool = Int

-- データ族
data family DF a
data instance DF Int = DF1 Int | DF2 Int String
newtype instance DF Double = DF3 Char

-- 関連型族・関連データ族
class C a where
  type CT a :: *
  data CD a :: *
  cf :: a -> CT a
  cg :: String -> CD a

instance C Int where
  type CT Int = Maybe String
  data CD Int = CDI
  cf = Just . show
  cg _ = CDI

instance C Double where
  type CT Double = [String]
  data CD Double = CDD
  cf a = [show a]
  cg _ = CDD
```

関連型族が有効なシーンは、例えば、リスト4.9のYesodRelationalConnection site
のところでReaderTでコネクションを持ち回りたいが、実際の型は利用側にしか分からない場
合にこれを関連型族にしておくことで利用側で実際の型を指定することができます。

リスト4.9: 関連型族が嬉しいシーン

```
-- ライブラリーで提供する型
type YesodRelationalMonad site =
  ReaderT (YesodRelationalConnection site) (HandlerT site IO)

class Monad (YesodRelationalMonad site) =>
    YesodRelational site where
  type YesodRelationalConnection site :: *
  runRelational ::
    YesodRelationalMonad site a -> HandlerT site IO a

-- 利用する側
instance YesodRelational App where
  type YesodRelationalConnection App = Connection
  runRelational action = undefined
```

4.8　GADTs

　GADTsはgeneralized algebraic data typesの略で、一般化代数的データ型などと訳されま
す。GADTsを有効にするとある値構築子から作成した値の型を制限することができます。
　リスト4.10では、GADTsを使わない場合AEq (AST (1 :: Int)) (AST (2 :: Int))
の型がAST Intになってしまいます。実引数からaがIntに束縛されてしまうわけです。
GADTsを使うとAEqの場合はAST' Boolだと示せます。

リスト4.10: GADTs

```
data AST a = ABool Bool
           | ANum a
           | AEq (AST a) (AST a) -- !

data AST' a where
  ABool' :: Bool -> AST' Bool
  ANum' :: (Num a) => a -> AST' a
  AEq' :: AST' a -> AST' a -> AST' Bool
```

4.9 MultiParamTypeClasses

MultiParamTypeClassesを使うとリスト4.11のように型クラスの型引数を2個以上使えるようになります。

リスト4.11: MultiParamTypeClasses

```
class C2 a b where
  c2f :: a -> b
```

4.10 FlexibleContexts

リスト4.12のようにMultiParamTypeClassesを利用した2個以上の型引数を持つ型クラスを型クラス制約にする場合はFlexibleContextsが必要になります。

リスト4.12: FlexibleContexts

```
fC2 :: (C2 a b) => a -> b -> String
fC2 = undefined
```

4.11 FlexibleInstances

リスト4.13のように型適用して得られた型を型クラスのインスタンスにする場合にFlexibleInstancesが必要になります。String = [Char]をインスタンスにしようとしてよくはまるポイントですね。

リスト4.13: FlexibleInstances

```
class C3 a where
  c3f :: a -> String

instance C3 (Maybe String) where
  c3f = undefined
```

4.12 EmptyDataDecls

EmptyDataDeclsを有効にすると、リスト4.14のように値構築子のない型を作れるようになります。

リスト 4.14: EmptyDataDecls

```
data D
```

4.13 GeneralizedNewtypeDeriving

GeneralizedNewtypeDeriving を有効にするとリスト 4.15 のように、newtype でくるむ中身
の型がある型クラスのインスタンスならば、くるんだ型のインスタンス宣言を自動導出するこ
とができるようになります。Functor は通常自動導出できませんが Maybe がファンクターな
ので deriving (Functor) と書けます。

リスト 4.15: GeneralizedNewtypeDeriving

```
newtype M a = M (Maybe a)
  deriving (Functor)
```

4.14 MonomorphismRestriction

MonomorphismRestriction はデフォルトで有効になっています。これは型推論の挙動を変え
ます。これが有効の場合なるべく制限された型になるように型推論しようとします。

例えばリスト 4.16 の plus 関数についてみると (Num a) => a -> a -> a という型になっ
てほしいのですが、MonomorphismRestriction が有効の場合 Int -> Int -> Int という型
になってリスト 4.17 のように少々理解しにくいエラーになります。無効にすると期待通りにな
ります。

GHCi ではこの拡張はデフォルトで無効になっています。

リスト 4.16: MonomorphismRestriction

```
mrFoo = do
 print $ plus (1::Int) 2
 print $ plus 1.2 3.4

plus = (+)
```

リスト 4.17: MonomorphismRestriction 有効時のコンパイルエラー

```
No instance for (Fractional Int) arising from the literal '1.2'
In the first argument of 'plus' , namely '1.2'
In the second argument of '($)' , namely 'plus 1.2 3.4'
In a stmt of a 'do' block: print $ plus 1.2 3.4
```

4.15 まとめ

この章では、Yesodで使われる各種言語拡張を駆け足に見ていきました。詳細までは記憶する必要はありませんが、こういう文法もあるのだということを先に知っておかないとYesodのコードを読めないので、一通り紹介しました。

次章では、コンパイル時コード生成をするための機能であるTemplate Haskellを解説します。

第5章　Template Haskell

||||||||||||||||||||||||||||||||||||||||||||||||||||||||||||||||||||||||||||||||||||||||||||||

Yesodでは Template Haskell をよく活用しています。Template Haskell は、コンパイル時コード生成をするための機能です。いくつかの言語でマクロと呼ばれるものに近いものです。本章では、Template Haskell を使ったコードの読み方と簡単に実装のしかたを解説します。

||||||||||||||||||||||||||||||||||||||||||||||||||||||||||||||||||||||||||||||||||||||||||||||

5.1　生成されるコードを見てみる

第2章「Hello, Yesod!」のリスト2.8からどういうコードが生成されるのか見ていきましょう。ghc コマンドに-ddump-splicesオプションを指定することで展開後のコードを見ることができます。

```
$ stack ghc -- -ddump-splices Add.hs
[2 of 4] Compiling Add              ( Add.hs, Add.o )
Add.hs:12:9-37: Splicing expression
    "#{x} + #{y} = #{z}"
  ======>
    do { (asWidgetT . toWidget) (toHtml x);
         (asWidgetT . toWidget)
           ((Text.Blaze.Internal.preEscapedText . Data.Text.pack)
" + ");
         (asWidgetT . toWidget) (toHtml y);
         (asWidgetT . toWidget)
           ((Text.Blaze.Internal.preEscapedText . Data.Text.pack)
" = ");
         (asWidgetT . toWidget) (toHtml z) }
  (以下略)
```

こういった定型コードが出力されます。

実行時にパースして処理するのではなく、コンパイル時にパースしてコードを生成することで、コンパイルエラーとして不正なものを弾こうという目的です。例えばリスト2.3の@{AddR 5 7}の部分はコンパイル時に型チェックがされて不正なURIが生成されないようになっています。

32　第5章　Template Haskell

Yesodを使うとき、生成されるコードが確認できればそれで十分なのですが、せっかくなので少しだけコード生成する側のコードを説明しましょう。

5.2　コード生成

Template Haskellでのコード生成は、コードの文字列を生成するのではなく、構文木を構築することです。

ghciを使って順々に見ていきましょう。

```
$ stack exec -- ghci -XTemplateHaskell
Prelude> :set prompt "> "
> :module + Language.Haskell.TH Language.Haskell.TH.Syntax
> let exp = AppE (VarE 'putStrLn) (LitE (StringL "Hello!"))
> :type exp
exp :: Exp
> ppr exp
System.IO.putStrLn "Hello!"
> :type returnQ exp
returnQ exp :: Q Exp
> $(returnQ exp)
Hello!
```

ghciの起動時に-XTemplateHaskellで言語拡張を忘れずに有効にしましょう。実行後にghciプロンプトに:set -XTemplateHaskellを入力して有効にすることもできます。

次に紙面の都合、プロンプトを>にしています。

Language.Haskell.THとLanguage.Haskell.TH.Syntaxをインポートします。ちなみに+のところを-にするとインポートを取り止めすることができます。

突然のAppE (VarE 'putStrLn) (LitE (StringL "Hello!"))ですが、構文木を手書きしているわけですね。全体としてはExp型になります。式を表す型です。ppr関数を使うとプリティプリントすることができます。AppEは関数適用、VarEは変数、LitEはリテラル、StringLは文字列リテラルを表しています。末尾がEならExp型、LならLit型です。'putStrLnのシングルクォートが何かというと、名前を参照するときに名前の前にシングルクォートを付けます。値レベルならシングルクォート1つで、型レベルなら''Stringのように2つ付けます。

式を表す値ができたところで実行できなければあまり意味がありません。実行するときはQモナドでくるむ必要があるのでreturnQでくるみます。そして$(…)で囲むと、呼び出した構文木に「継ぎ木」(splice)することができます。つまり、$(returnQ exp)と書いてあるところは、putStrLn "Hello!"に置き換えられます。(厳密にはモジュール名がフルパスで付き

第5章　Template Haskell　| 33

ます。)

　トップレベルに出現するQモナドについては、リスト5.1のように$(…)を省略することができます。リスト2.6のmkYesodDispatch "App" resourcesAppの部分がその省略を利用しています。

リスト5.1: Main.hs

```
{-# LANGUAGE TemplateHaskell #-}

import Language.Haskell.TH
import Language.Haskell.TH.Syntax

returnQ [(ValD (VarP (mkName "foo")) (NormalB (LitE (StringL
"foo"))) [])]

main = putStrLn foo
```

　また、Qモナドの中では自由にIOをすることができます。リスト2.4のparseRoutesFile "routes"では外部ファイルroutesを読んでコードを生成しています。

5.3　Quasi Quotes

　前節でプログラムから構文木を生成することはできましたが、毎回これを書くのは骨の折れる作業です。ですので、外部DSLから生成する方法が用意されています。それがquasi quoteです。

　リスト2.8の[whamlet|#{x} + #{y} = #{z}|]がquasi quoteをしています。whamletの部分がどのDSLとして解釈するかのラベルで、#{x} + #{y} = #{z}がDSLの本体です。

　DSLの中からHaskellコードの変数を参照することもできます。whamletでは#{…}という構文でHaskellコードを引用しています。DSLのパーサーはDSLごとに作成するのでこの構文もどのDSLなのかによって異なります。このような引用をanti quote（反引用）と呼びます。

　quasi quoteの実装についてはここでは解説しません。参考文献を参照してください。

5.4　まとめ

　この章では、Template Haskellを使うとコンパイル時にコードを自動生成することができること、また生成するコードを紹介しました。

　quasi quoteを使うとそのようなコードをDSLから生成することができることについても解説しました。

34　│　第5章　Template Haskell

5.5　参考文献

- できる！Template Haskell (完) - はてな使ったら負けだと思っている deriving Haskell - haskell
  - ——http://haskell.g.hatena.ne.jp/mr_konn/20111218/1324220725
- 準クォートでもてかわゆるふわメタプログラミング！ - はてな使ったら負けだと思っている deriving Haskell - haskell
  - ——http://haskell.g.hatena.ne.jp/mr_konn/20101210/quasiquotes
- 24 Days of GHC Extensions: Template Haskell
  - ——https://ocharles.org.uk/blog/guest-posts/2014-12-22-template-haskell.html

第6章 わいわいWAI

PythonにWSGIが、RubyにRackがあるようにHaskellにはWAI[1]があります。このWAIのAPIを直接使うことで、Yesodが背後で何をしているかを見てみましょう。

WAI・WSGI・Rackは、WebサーバーとWebアプリケーションの間のインターフェースについての仕様です。これに従うことで、Webアプリケーションの実装を変えずに、Webサーバーを別の物に切り替えることが可能になります。

念のためですが、Pythonで書いたアプリケーションをHaskellに切り替える、といったことはできません。あくまでそれぞれの言語内でのWebサーバー・Webアプリケーションの実装についての話です。

……というのが理想で、実際のところHaskellでは大御所Webアプリケーションフレームワーク（Yesod・Snap・Happstack）ごとにその仕様が存在します。仕様の制定がWebアプリケーションフレームワークの作成よりも後で、各々の陣営が仕様を制定したからだったはずだと筆者は考えています。

Yesod陣営ではその名もWeb Application Interface（WAI）という仕様を制定し、その事実上の標準である実装がWarp[2]です。

それではWarpを使って簡単なWebアプリケーションを作っていきましょう。

6.1 Hello, WAI!

まずはHello World、ということでGET要求に対して次に示す応答をするプログラムから始めます。

リスト6.1: これから実装するHTTP応答

```
HTTP/1.1 200 OK
Transfer-Encoding: chunked
Date: Wed, 11 May 2016 01:23:14 GMT
Server: Warp/3.2.2
Content-Type: text/plain

Hello, Web!
```

1.wai :: Stackage Serverhttps://www.stackage.org/package/wai

2.warp :: Stackage Serverhttps://www.stackage.org/package/warp

リスト6.2: Main.hs

```haskell
{-# LANGUAGE OverloadedStrings #-}

import Network.Wai              (Application, responseLBS)
import Network.HTTP.Types       (ok200)
import Network.Wai.Handler.Warp (run)

app :: Application
app _ respond =
  respond $ responseLBS
    ok200
    [("Content-Type", "text/plain")]
    "Hello, Web!"

main :: IO ()
main = run 8080 app
```

このプログラムはwai・warp・http-typesパッケージに依存します。

　コードの意味については初見でもだいたい理解できるのではないかと思いますが、appの中でステータスコードとコンテンツタイプそして本体を指定しています。mainではポート番号を指定してWebサーバーを起動しています。新出のAPIの詳細を見ていきましょう。

```haskell
type Application = Request
                -> (Response -> IO ResponseReceived)
                -> IO ResponseReceived
responseLBS :: Status -> ResponseHeaders -> ByteString -> Response
ok200 :: Status
run :: Port -> Application -> IO ()
```

　Application型はアプリケーション全体を表す型で、その実装は、第1引数でRequestを受け取り、Responseを生成して、第2引数の関数に渡すようにします。

　responseLBSはステータスコード・レスポンスヘッダー・本体を渡すとResponseが生成されます。LBSはLazy ByteStringを表します。

6.2　ルーティング

　次はパスによるルーティングをしてみましょう。パスはpathInfo関数で取得できます。型を次に示します。

```
pathInfo :: Request -> [Text]
```

パスが/path1/path2だった場合、pathInfoを評価すると、["path1", "path2"]となります。

/で"Hello, Web!"、/helloで"Hello!"、/hello/kakkun61で"Hello, kakkun61!"（kakkun61の部分は可変）、それ以外でステータスコード404を返すサーバーはリスト6.3のようになります。

リスト6.3: Main.hs

```
{-# LANGUAGE OverloadedStrings #-}

import Network.Wai              (Application, responseLBS,
                                 pathInfo)
import Network.HTTP.Types       (ok200, notFound404)
import Network.Wai.Handler.Warp (run)
import Data.ByteString.Lazy     (fromStrict)
import Data.Text                (Text)
import Data.Text.Encoding       (encodeUtf8)
import Data.Monoid              ((<>))

app :: Application
app request respond =
  case pathInfo request of
    []                -> appRoot request respond
    ["hello"]         -> appHello request respond
    ["hello", name]   -> appHelloName name request respond
    _                 -> appNotFound request respond

appRoot :: Application
appRoot _ respond =
  respond $ responseLBS
    ok200
    [("Content-Type", "text/plain")]
    "Hello, Web!"

appHello :: Application
appHello _ respond =
  respond $ responseLBS
    ok200
    [("Content-Type", "text/plain")]
    "Hello!"
```

```
appHelloName :: Text -> Application
appHelloName name _ respond =
  respond $ responseLBS
    ok200
    [("Content-Type", "text/plain")]
    ("Hello, " <> (fromStrict $ encodeUtf8 name) <> "!")

appNotFound :: Application
appNotFound _ respond =
  respond $ responseLBS
    notFound404
    [("Content-Type", "text/plain")]
    "Not Found"

main :: IO ()
main = run 8080 app
```

pathInfoした結果で各関数に割り振ります。Textから遅延のByteStringへは
fromStrict . encodeUtf8で一度正格なByteStringを経由して変換しています。

新出のAPIの型は下記です。

```
fromStrict :: Data.ByteString.ByteString ->
Data.ByteString.Lazy.ByteString
encodeUtf8 :: Text -> Data.ByteString.ByteString
```

6.3　クエリーパラメーター

クエリーパラメーターはqueryString関数で取得できます。

```
queryString :: Request -> [(ByteString, Maybe ByteString)]
```

クエリーがkeyA&keyB=valだった場合、queryStringを評価すると、[("keyA",
Nothing), ("keyB", Just "val")]となります。

任意のパスでname=kakkun61クエリーがあると"Hello, kakkun61!"、nameクエリーがなけ
れば"Hello!"を返すサーバーはリスト6.4のようになります。

リスト 6.4: Main.hs

```haskell
{-# LANGUAGE OverloadedStrings #-}

import Network.Wai              (Application, responseLBS,
queryString)
import Network.HTTP.Types       (ok200)
import Network.Wai.Handler.Warp (run)
import Data.ByteString.Lazy     (fromStrict)
import Data.Monoid              ((<>))
import Control.Monad            (join)

app :: Application
app request respond =
  let
    mname = join $ lookup "name" $ queryString request
  in
    respond $ responseLBS
      ok200
      [("Content-Type", "text/plain")]
      $ case mname of
          Just name -> "Hello, " <> (fromStrict name) <> "!"
          Nothing   -> "Hello!"

main :: IO ()
main = run 8080 app
```

queryStringの返り値からlookupでnameパラメーターの値を取り出します。Maybeが二重になっているのでjoinで一重にしています。それぞれの型を次に示します。

```haskell
lookup :: (Eq a) => a -> [(a, b)] -> Maybe b
join :: (Monad m) => m (m a) -> m a
```

6.4 HTTPメソッド

最後はHTTPメソッドです。ここまでのサンプルプログラムでは、GETメソッドでもDELETEメソッドでも区別なく同じレスポンスを返します。HTTPメソッドによってレスポンスを変えるようにしましょう。HTTPメソッドはrequestMethod関数で取得できます。

```haskell
requestMethod :: Request -> Method
```

40 | 第6章 わいわい WAI

```
type Method = ByteString
```

GET メソッドで "Hello!"、DELETE メソッド "Bye!" を返すサーバーはリスト6.5のように
なります。

リスト6.5: Main.hs

```
{-# LANGUAGE OverloadedStrings #-}

import Network.Wai              (Application, responseLBS,
                                 requestMethod)
import Network.HTTP.Types       (ok200, methodNotAllowed405,
                                 methodGet, methodDelete)
import Network.Wai.Handler.Warp (run)

app :: Application
app request respond =
  let
    method = requestMethod request
  in
    respond $
      if method == methodGet
      then
        responseLBS
          ok200
          [("Content-Type", "text/plain")]
          "Hello!"
      else if method == methodDelete
      then
        responseLBS
          ok200
          [("Content-Type", "text/plain")]
          "Bye!"
      else
        responseLBS
          methodNotAllowed405
          [("Content-Type", "text/plain")]
          "Method Not Allowed"

main :: IO ()
main = run 8080 app
```

第6章 わいわいWAI　41

6.5 まとめ

　この章ではWAIとWarpが何か、そしてWarpで簡単なウェブアプリケーションの作り方を学びました。

　Warpでルーティングやクエリーパラメーター・HTTPメソッドを扱う方法は理解できたでしょうか。次章では、ハンドラーとルーティングについて解説します。

第7章　ハンドラーとルーティング

||||||||||||||||||||||||||||||||||||||||||||||||||||||||||||||||||||||||||||||||||||||||||||||||||||||
本章ではハンドラーとルーティングについて解説します。
ここからはyesod-mysqlテンプレートを例に解説していきます。Yesodのすべてを説明するには誌面が足りないため、本章以降は基本的な部分のみを選んで取り上げます。
||||||||||||||||||||||||||||||||||||||||||||||||||||||||||||||||||||||||||||||||||||||||||||||||||||||

7.1　サンプルコードの準備

次のコマンドでサンプルプロジェクトを作成します。

```
stack new yesod-mysql yesod-mysql --resolver lts-11.13
```

本書ではlts-11.13のバージョンで解説していますが、筆者がこのコマンド実行時にはまったところがあるので、その回避方法を紹介しておきます。

第1章の章で解説したように、Stackを使うとコンパイラーと主要なライブラリーのバージョンを固定して使うことができるのですが、プロジェクトテンプレートについてはそのようになっていません。そのため古いresolverを指定した場合にエラーとなることがあります。今回筆者が遭遇したエラーもそのせいでした。

```
$ stack new yesod-mysql yesod-mysql --resolver lts-5.4
Downloading template "yesod-mysql" to create project "yesod-mysql"
in yesod-mysql/
 ...
Looking for .cabal or package.yaml files to use to init the
project.
Using cabal packages:
- yesod-mysql/yesod-mysql.cabal

Selected resolver: lts-5.4
Resolver 'lts-5.4' does not have all the packages to match your
requirements.
    mysql version 0.1.1.8 found
        - yesod-mysql requires >=0.1.4
```

第7章　ハンドラーとルーティング　43

```
    yesod version 1.4.2 found
        - yesod-mysql requires >=1.4.3 && <1.5
    yesod-test version 1.5.0.1 found
        - yesod-mysql requires >=1.5.2 && <1.6
    Using package flags:
        - yesod-mysql: dev = False, library-only = False

This may be resolved by:
    - Using '--omit-packages to exclude mismatching package(s).
    - Using '--resolver' to specify a matching snapshot/resolver
```

次のコマンドで回避することができます（1行で入力してください）。

```
stack new yesod-mysql
https://raw.githubusercontent.com/commercialhaskell/stack-
tempates/abfc34a3dee81ba784c01b46a14e05175b3c190f/yesod-mysql
.hsfiles
```

stack newでデフォルトで使われるテンプレートは、GitHubで公開されているリポジトリー[1]にあります。stack newで指定できるのは、ここにあるテンプレート名の他にローカルとリモートのhsfilesファイルです。ということで、lts-11.13のリリース時期を確認し同時期のテンプレートリビジョンを直接指定することで回避しました。

話を戻して、生成されたプロジェクト（yesod-mysql以下）のディレクトリー構成は次の通りです。これがYesodプロジェクトでよくあるディレクトリー構成です。

・Handler/
    ハンドラーはこのディレクトリーの下にあります
  —Comment.hs
  —Common.hs
  —Home.hs
・Import/
  —NoFoundation.hs
    ほとんどのコードから利用するモジュールはここでインポートしてImportモジュール
    として再エクスポートします
・Settings/
  —StaticFiles.hs
・app/
  —DevelMain.hs

1.commercialhaskell/stack-templates: Project templates for stack newhttps://github.com/commercialhaskell/stack-templates/

- ─devel.hs
- ─main.hs
- ・config/
  - ─client_session_key.aes
  - ─favicon.ico
  - ─keter.yml
  - ─models
  - ─robots.txt
  - ─routes
  - ─settings.yml
  - ─test-settings.yml
- ・static/
  - ─css/
  - ─fonts/
  - ─tmp/
- ・templates/
    Shakespearean テンプレートのファイルはこの下にあります
  - ─default-layout-wrapper.hamlet
  - ─default-layout.hamlet
  - ─homepage.hamlet
  - ─homepage.julius
  - ─homepage.lucius
- ・test/
- ・Application.hs
- ・Foundation.hs
- ・Import.hs
- ・Model.hs
- ・Settings.hs
- ・stack.yaml
- ・yesod-mysql.cabal

yesod-minimal と比較するとかなりのファイルが生成されました。

全部は説明しきれませんので、本書では Handler・config/routes・config/models・templates を中心に取り扱います。

7.2 ビルド

　コードの解説の前に、ビルドの方法を紹介します。stack buildでビルドすることができます。MySQLのセットアップは本書では解説しません。データベース名や接続ポート番号等はconfig/settings.ymlおよびconfig/test-settings.ymlに書かれているので、適宜参考してください。

　最終的なビルドはstack buildでよいのですが、開発中はコードを変更するたびに毎回ビルドするのは面倒なので便利な方法が用意されています。yesodコマンドを使うので、まずインストールします。

```
stack install yesod-bin
```

　そして次のコマンドで、ソースファイルの変更を監視して自動的に部分的に再ビルドをするようになります。また、標準出力にカラーで見やすいアクセスログを表示します。デフォルトではHTTPの3000番ポートでアクセスできます。

```
$ stack exec -- yesod devel
Yesod devel server. Type 'quit' to quit
Application can be accessed at:

http://localhost:3000
https://localhost:3443
If you wish to test https capabilities, you should set the
following variable:
  export APPROOT=https://localhost:3443

Resolving dependencies...
Configuring yesod-mysql-0.0.0...
Rebuilding application... (using cabal)
Starting development server...
Starting devel application
Devel application launched: http://localhost:3000
GET /
  Accept: text/html,application/xhtml+xml,
          application/xml;q=0.9,image/webp,*/*;
q=0.8
  Status: 200 OK 0.002053s
GET /static/css/bootstrap.css
  Params: [("etag","QRP3qj9r")]
  Accept: text/css,*/*;q=0.1
```

46 ｜ 第7章　ハンドラーとルーティング

```
  Status: 304 Not Modified 0.000124s
GET /static/tmp/autogen-hxYJ7yvP.css
  Accept: text/css,*/*;q=0.1
  Status: 200 OK 0.000047s
GET /static/tmp/autogen-M85IB4Pr.js
  Accept: */*
  Status: 304 Not Modified 0.000081s
GET /static/fonts/glyphicons-halflings-regular.woff
  Accept: */*
  Status: 304 Not Modified 0.000125s
```

またこのテンプレートはテストが用意されているので次のコマンドでテストを実行すること
ができます。テストのログもカラーで出力されます。

```
$ stack test
yesod-mysql-0.0.0: test (suite: test)

Handler.Comment
  valid request
2.0.0.0 - - [15/Dec/2016:05:22:00 +0900] "GET / HTTP/1.1" 200 4848
"" ""
    gives a 200
  invalid requests
2.0.0.0 - - [15/Dec/2016:05:22:01 +0900] "GET / HTTP/1.1" 200 4848
"" ""
    400s when the JSON body is invalid
Handler.Common
  robots.txt
2.0.0.0 - - [15/Dec/2016:05:22:00 +0900] "POST /comments HTTP/1.1"
200 45 "" ""
2.0.0.0 - - [15/Dec/2016:05:22:02 +0900] "GET /robots.txt
HTTP/1.1" 200 14 "" ""
    gives a 200
2.0.0.0 - - [15/Dec/2016:05:22:01 +0900] "POST /comments HTTP/1.1"
400 1851 ""
""
2.0.0.0 - - [15/Dec/2016:05:22:03 +0900] "GET /robots.txt
HTTP/1.1" 200 14 "" ""
    has correct User-agent
  favicon.ico
2.0.0.0 - - [15/Dec/2016:05:22:04 +0900] "GET /favicon.ico
HTTP/1.1" 200 1342
```

第7章 ハンドラーとルーティング　47

```
"" ""
    gives a 200
Handler.Home
2.0.0.0 - - [15/Dec/2016:05:22:05 +0900] "GET / HTTP/1.1" 200 4848
"" ""
   loads the index and checks it looks right
2.0.0.0 - - [15/Dec/2016:05:22:05 +0900] "POST / HTTP/1.1" 200
4990 "" ""
2.0.0.0 - - [15/Dec/2016:05:22:06 +0900] "GET / HTTP/1.1" 200 4848
"" ""
   leaves the user table empty

Finished in 6.4512 seconds
7 examples, 0 failures
```

7.3　ルーティング

config/routes（リスト7.1）にルーティングを記したファイルがあります。/ HomeR GET POSTの行がありますので、/はGETとPOSTが許可されていてHomeハンドラーで受けることが分かります。初めの2行/staticと/authの行はフォーマットが違いますね。これはサブサイトというしくみです。例えばAuthサブサイトはアカウント管理を担うサブサイトで、/authをそれに指定してやると/auth/loginや/auth/logoutなどが有効になります。ライブラリーに便利な機能です。

リスト7.1: config/routes

```
/static StaticR Static appStatic
/auth   AuthR   Auth   getAuth

/favicon.ico FaviconR GET
/robots.txt RobotsR GET

/ HomeR GET POST

/comments CommentR POST
```

7.4　Homeハンドラー

yesod-mysqlテンプレートの / のページのスクリーンショットは図7.1です。

リスト7.2がHandler/Home.hsの全文です。前述の通り/に対するGETリクエストはgetHomeRで処理します。POSTリクエストはpostHomeRで処理します。

　getHomeR・postHomeRのコードとも、読まれない変数をいくつも用意しているように見えます。ここまで読んだ読者なら気付くかもしれませんが、$(widgetFile "homepage")というコードがあるということはここがTemplate Haskellで置き換えられるので、ここで必要になる変数を用意しています。$(widgetFile "homepage")の意味については第8章「Shakespeareanテンプレート」で。

　また、HomeハンドラーにはHTMLのフォームに関するコードがありますが、本書では扱いません。公式ドキュメントのFormsの項[2]を参考にしてください。

2.Forms :: Yesod Web Framework Book- Version 1.4http://www.yesodweb.com/book/forms

図7.1: /のスクリーンショット

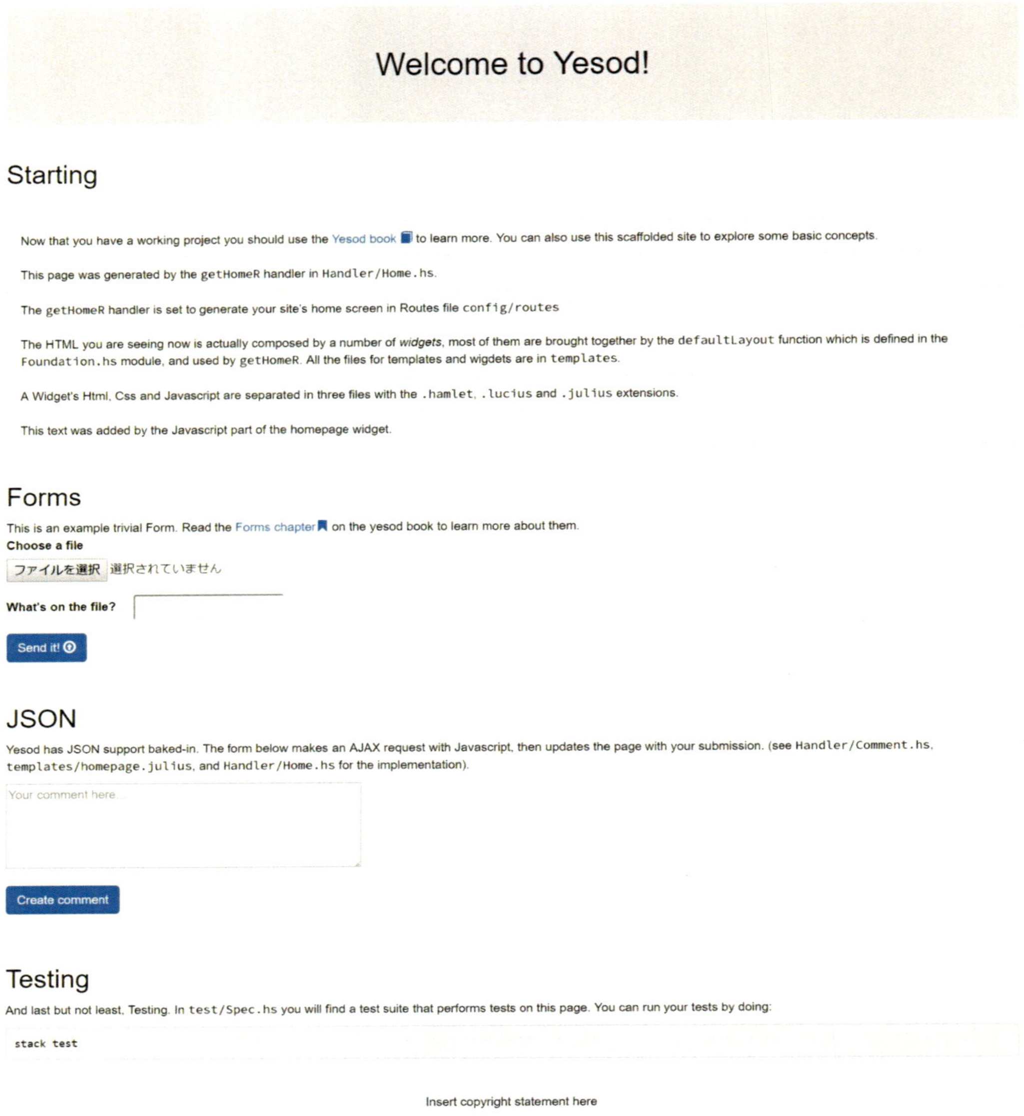

Welcome to Yesod!

Starting

Now that you have a working project you should use the Yesod book 🔲 to learn more. You can also use this scaffolded site to explore some basic concepts.

This page was generated by the getHomeR handler in `Handler/Home.hs`.

The getHomeR handler is set to generate your site's home screen in Routes file `config/routes`

The HTML you are seeing now is actually composed by a number of *widgets*, most of them are brought together by the `defaultLayout` function which is defined in the `Foundation.hs` module, and used by getHomeR. All the files for templates and wigdets are in `templates`.

A Widget's Html, Css and Javascript are separated in three files with the `.hamlet`, `.lucius` and `.julius` extensions.

This text was added by the Javascript part of the homepage widget.

Forms

This is an example trivial Form. Read the Forms chapter 🔖 on the yesod book to learn more about them.
Choose a file

[ファイルを選択] 選択されていません

What's on the file?

[Send it! ⓘ]

JSON

Yesod has JSON support baked-in. The form below makes an AJAX request with Javascript, then updates the page with your submission. (see `Handler/Comment.hs`, `templates/homepage.julius`, and `Handler/Home.hs` for the implementation).

Your comment here...

[Create comment]

Testing

And last but not least, Testing. In `test/Spec.hs` you will find a test suite that performs tests on this page. You can run your tests by doing:

```
stack test
```

Insert copyright statement here

リスト7.2: Handler/Home.hs

```
module Handler.Home where

import Import
import Yesod.Form.Bootstrap3 (BootstrapFormLayout (..),
                              renderBootstrap3, withSmallInput)
import Text.Julius (RawJS (..))
```

50 ┃ 第7章 ハンドラーとルーティング

```haskell
-- This is a handler function for the GET request method on the
-- HomeR resource pattern. All of your resource patterns are
-- defined in config/routes
--
-- The majority of the code you will write in Yesod lives in these
-- handler functions. You can spread them across multiple files if
-- you are so inclined, or create a single monolithic file.
getHomeR :: Handler Html
getHomeR = do
    (formWidget, formEnctype) <- generateFormPost sampleForm
    let submission = Nothing :: Maybe (FileInfo, Text)
        handlerName = "getHomeR" :: Text
    defaultLayout $ do
        let (commentFormId, commentTextareaId, commentListId) =
                commentIds
        aDomId <- newIdent
        setTitle "Welcome To Yesod!"
        $(widgetFile "homepage")


postHomeR :: Handler Html
postHomeR = do
    ((result, formWidget), formEnctype) <- runFormPost sampleForm
    let handlerName = "postHomeR" :: Text
        submission = case result of
            FormSuccess res -> Just res
            _ -> Nothing

    defaultLayout $ do
        let (commentFormId, commentTextareaId, commentListId) =
                commentIds
        aDomId <- newIdent
        setTitle "Welcome To Yesod!"
        $(widgetFile "homepage")


sampleForm :: Form (FileInfo, Text)
sampleForm = renderBootstrap3 BootstrapBasicForm $ (,)
    <$> fileAFormReq "Choose a file"
    <*> areq textField
            (withSmallInput "What's on the file?")
            Nothing


commentIds :: (Text, Text, Text)
```

第7章　ハンドラーとルーティング　51

```
commentIds = ( "js-commentForm"
             , "js-createCommentTextarea"
             , "js-commentList"
             )
```

7.5 Commentハンドラー

図7.1の「Create comment」ボタンをクリックすると/commentsにPOSTリクエストが送られ、postCommentRが呼ばれます。

リスト7.3がそのコードです。runDB $ insertEntityという関数が見えるように、このコードではDBにアクセスします。DBとの連携については第9章「データベース」で紹介します。

リスト7.3: Handler/Comment.hs

```
module Handler.Comment where

import Import

postCommentR :: Handler Value
postCommentR = do
    -- requireJsonBody will parse the request body into the
    -- appropriate type, or return a 400 status code if the
    -- request JSON is invalid.
    -- (The ToJSON and FromJSON instances are derived in the
    -- config/models file).
    comment <- (requireJsonBody :: Handler Comment)

    -- The YesodAuth instance in Foundation.hs defines the UserId
    -- to be the type used for authentication.
    maybeCurrentUserId <- maybeAuthId
    let comment' = comment { commentUserId = maybeCurrentUserId }

    insertedComment <- runDB $ insertEntity comment'
    returnJson insertedComment
```

7.6 まとめ

この章では、yesod-mysqlテンプレートを例にYesodプロジェクトのディレクトリー構成を学びました。

52 ｜ 第7章 ハンドラーとルーティング

この章のroutesファイルでは、POSTが追加されました。またサブサイトによってURIパスを持ったライブラリーを追加できることを学びました。

第8章 Shakespeareanテンプレート

‖‖
本章ではShakespeareanシリーズのHamlet・Julius・Lucius・Cassiusについて簡単に解説します。

‖‖

　第2章「Hello, Yesod!」に出てきたようにYesodではデフォルトでビュー（ウェブフロントエンド）のテンプレート言語にShakespeareanシリーズを採用しています。

- HTML
  - Hamlet
- JavaScript
  - Julius
- CSS
  - Lucius
  - Cassius

　同名の.hamletファイル・.juliusファイル・.luciusファイル（もしくは.cassiusファイル）をまとめてウィジェットとして扱われます。ですので、`$(widgetFile "homepage")`でhomepage.hamlet・homepage.julius・homepage.luciusが読み込まれます。

8.1 Hamlet

　Homeハンドラーから読んでいたhomepageを例に見ていきましょう。リスト8.1のようなHamletコードからリスト8.2のようなHTMLコードが生成されます。（整形しています。）

　比較すればすぐ分かると思いますが、Hamletではインデントによって木構造を表現しており終了タグを省略することができます。インラインに書く場合は終了タグが要ります。

　また`.foo`と書くと`class="foo"`となります。divタグの場合はタグ名を省略することができます。

　値の埋め込みは#{…}で行います。第2章で出てきたようにURIの埋め込みは@{…}で行います。リンク切れや不正なURIのチェックが行われます。ここでは出てきませんが、ウィジェットの埋め込みは^{…}で行います。ウィジェットを埋め込むと、HTMLはその場所に、JavaScriptはbodyの最後に、CSSはheadにそれぞれ追加されます。

54 　第8章　Shakespeareanテンプレート

リスト 8.1: templates/homepage.hamlet

```
<h1.jumbotron>
  Welcome to Yesod!

<.page-header><h2>Starting

<section.list-group>
  <span .list-group-item>
    Now that you have a working project you should use the
    <a href=http://www.yesodweb.com/book/>
      Yesod book <span class="glyphicon glyphicon-book"></span>
    to learn more.
    You can also use this scaffolded site to explore some basic
    concepts.

  <span .list-group-item>
    This page was generated by the <tt>#{handlerName}</tt> handler
    in <tt>Handler/Home.hs</tt>.
（略）
```

リスト 8.2: template/homepage.hamlet から生成される HTML

```
<h1 class="jumbotron">Welcome to Yesod!</h1>
<div class="page-header">
  <h2>Starting
</div>
<section class="list-group">
  <span class="list-group-item">
    Now that you have a working project you should use the
    <a href="http://www.yesodweb.com/book/">Yesod book
    <span class="glyphicon glyphicon-book"></span></a> to learn
    more.
    You can also use this scaffolded site to explore some basic
    concepts.
  </span>
  <span class="list-group-item">
    This page was generated by the <tt>getHomeR</tt> handler in
    <tt>Handler/Home.hs</tt>.</tt>
  </span>
（略）
```

その他に真偽値分岐$if … $else …や繰り返し$forall等一通り用意されています。珍

第 8 章　Shakespearean テンプレート　| 　55

しいところでは Maybe 用の構文があります。

Maybe 用分岐

```
$maybe value <- maybeValue
    ...
$nothing
    ...
```

リスト 8.2 を見ると HTML 全体の一部となっていることが分かると思いますが、html タグや body タグなど周りの部分は templates/default-layout-wrapper.hamlet で定義されています。

8.2　Julius・Lucius・Cassius

Julius・Lucius・Cassius とも値や URI の埋め込みの構文は Hamlet と同様です。Julius・Lucius については、それぞれ JavaScript と CSS に埋め込み構文が追加された程度です。

Cassius は Lucius に追加して、{・}・; がなくなりインデントによって表現するようになっています。

8.3　まとめ

Yesod のデフォルトのテンプレート言語である Shakespearean 言語について簡単に学びました。

・#{…} 値の埋め込み

・@{…} URI の埋め込み

・^{…} ウィジェットの埋め込み

より詳しい情報は公式ドキュメント[1]を参考にしてください。

1.Shakespearean Templates :: Yesod Web Framework Book- Version 1.4http://www.yesodweb.com/book/shakespearean-templates

第9章　データベース

||||||||||||||||||||||||||||||||||||||||||||||||||||||||||||||||||||||||||||||||||||||||||||||||
本章ではYesodからデータベースへアクセスする方法を見ていきます。
||||||||||||||||||||||||||||||||||||||||||||||||||||||||||||||||||||||||||||||||||||||||||||||||

YesdoではデフォルトでPersistent[1]をデータベース用のライブラリーとして利用します。
DB操作を見る前にモデルについて見ていきましょう。

9.1　モデル

モデルの情報はconfig/modelsに書かれています。このファイルもコンパイル時にTemplate
Haskellによって読まれHaskellコードが生成されます。

リスト9.1: config/models

```
User
    ident Text
    password Text Maybe
    UniqueUser ident
    deriving Typeable
Email
    email Text
    userId UserId Maybe
    verkey Text Maybe
    UniqueEmail email
Comment json
-- Adding "json" causes ToJSON and FromJSON instances to be
-- derived.
    message Text
    userId UserId Maybe
    deriving Eq
    deriving Show


  -- By default this file is used in Model.hs (which is imported by
  -- Foundation.hs)
```

1.persistent :: Stackage Serverhttps://www.stackage.org/package/persistent

生成されるコードは600行以上になるので全部は載せられませんが、確認したい場合は次の
コマンドで可能です。

```
stack ghc -- -ddump-splices -XTemplateHaskell -XTypeFamilies
-XMultiParamTypeClasses -XGADTs -XGeneralizedNewtypeDeriving
Model.hs
```

Commentに関する一部はリスト9.2のようになります。

リスト9.2: 生成されたComment型の定義の一部

```
data Comment
  = Comment {commentMessage :: !Text,
             commentUserId :: !(Maybe (Key User))}
  deriving (Eq, Show)
type CommentId = Key Comment
instance PersistEntity Comment where
  type PersistEntityBackend Comment = SqlBackend
  data Unique Comment
  newtype Key Comment
    = CommentKey {unCommentKey :: BackendKey SqlBackend}
    deriving (Show,
              Read,
              Eq,
              Ord,
              PathPiece,
              Web.HttpApiData.Internal.ToHttpApiData,
              Web.HttpApiData.Internal.FromHttpApiData,
              PersistField,
              persistent-2.2.4:
                Database.Persist.Sql.Class.PersistFieldSql,
              ToJSON,
              FromJSON)
```

MySQLで、生成されたcommentテーブルを見てみると次のようになります。

```
mysql> show create table comment\G
*************************** 1. row ***************************
       Table: comment
Create Table: CREATE TABLE `comment` (
  `id` bigint(20) NOT NULL AUTO_INCREMENT,
  `message` text CHARACTER SET utf8 NOT NULL,
  `user_id` bigint(20) DEFAULT NULL,
```

58 第9章 データベース

```
    PRIMARY KEY (`id`),
    KEY `comment_user_id_fkey` (`user_id`),
    CONSTRAINT `comment_user_id_fkey` FOREIGN KEY (`user_id`)
      REFERENCES `user` (`id`)
) ENGINE=InnoDB DEFAULT CHARSET=utf8mb4 COLLATE=utf8mb4_bin
1 row in set (0.00 sec)
```

　リスト9.1と比較すると、messageとuser_idのカラムは宣言したように作成されていま
す。idは自動的に追加されてプライマリキーになっています。HaskellでのText型はMySQL
ではtext CHARACTER SET utf8 NOT NULLとなり、Maybe UserId型はbigint(20)
DEFAULT NULLとなります。UserId型はUserからTemplate Haskellで生成されたもので、
userテーブルのidカラムに対応します。なので一意キー制約と外部キー制約が付いています。

9.2　操作

　リスト7.3をリスト9.3に再掲します。これを題材に説明します。

リスト9.3: Handler/Comment.hs

```
module Handler.Comment where

import Import

postCommentR :: Handler Value
postCommentR = do
    -- requireJsonBody will parse the request body into the
    -- appropriate type,
    -- or return a 400 status code if the request JSON is invalid.
    -- (The ToJSON and FromJSON instances are derived in the
    -- config/models file).
    comment <- (requireJsonBody :: Handler Comment)

    -- The YesodAuth instance in Foundation.hs defines the UserId
    -- to be the
    -- type used for authentication.
    maybeCurrentUserId <- maybeAuthId
    let comment' = comment { commentUserId = maybeCurrentUserId }

    insertedComment <- runDB $ insertEntity comment'
    returnJson insertedComment
```

　まず、comment <- (requireJsonBody :: Handler Comment)でcommentは

第9章　データベース　｜　59

Comment型の値に束縛されています。

maybeCurrentUserId <- maybeAuthIdでmaybeCurrentUserIdはMaybe UserId型の値に束縛されています。

そして、commentのcommentUserIdフィールドを更新しcomment'とし、insertedComment <- runDB $ insertEntity comment'でDBに挿入しています。型からどのテーブルに対する操作か分かるため、テーブル名を指定する必要はありません。

次に示す「新出APIの型」に出てくる型制約の~は両辺の型が同値であるという制約を表します。

サンプルコードには出てきませんが、主キーを使ったレコードの取得はget関数で、一意キーを使う場合はgetBy関数で実行できます。

新出APIの型

```
insertEntity :: ( PersistStore backend
                , PersistEntity e
                , backend ~ PersistEntityBackend e
                , MonadIO m
                )
             => e -> ReaderT backend m (Entity e)
class Monad (YesodDB site) => YesodPersist site where
  ...
  runDB :: YesodDB site a -> HandlerT site IO a
type YesodDB site = ReaderT (YesodPersistBackend site) (HandlerT
site IO)
class ( Show (BackendKey backend), Read (BackendKey backend)
      , Eq (BackendKey backend), Ord (BackendKey backend)
      , PersistField (BackendKey backend)
      , ToJSON (BackendKey backend)
      , FromJSON (BackendKey backend)
      )
   => PersistStore backend where
  ...
  get :: ( MonadIO m
         , backend ~ PersistEntityBackend val
         , PersistEntity val
         )
      => Key val -> ReaderT backend m (Maybe val)
class PersistStore backend => PersistUnique backend where
  getBy :: ( MonadIO m
           , backend ~ PersistEntityBackend val
           , PersistEntity val
```

```
                )
        => Unique val -> ReaderT backend m (Maybe (Entity val))
    ...
```

テーブルの結合などの操作はPersistentではできないためEsqueleto[2]を利用しますが本書では解説しません。

Persistentはデフォルトですが、テンプレートと同じくこれを使うことは必須ではなく、別のライブラリーを利用することもできます[3]。

9.3　まとめ

YesodのデフォルトのデータベースライブラリーであるPersistentを使ってモデルの記述からコードとデータベースのテーブルを生成することや、データベースの挿入と取得のしかたについて学びました。

2.esqueleto: Type-safe EDSL for SQL queries on persistent backends.http://hackage.haskell.org/package/esqueleto
3.Haskell Relational Record を使えるライブラリーが手元にあるんですが、ちゃんと整理して公開しないといけないなと思って早や何ヶ月か。

第10章　Yesodを自習するに当たって

　本章では、引き続きYesodを勉強したいのだけどどうしたらいいの？という方への情報を紹介します。

　何を教科書にすればよいかですが、本家のドキュメントのYesod Bookがほとんどになります。当然英語ですが、平易な英語を心がけてくれているのかかなり読みやすくなっています。GitHubにasciidocのソースがあるので、タイポ程度でもPRを送ってよりよくしていきましょう。メンテナーのMichael Snoymanさんは、ほぼ24時間以内に何らかのコメントをくれるはずです。

　基本が分かって書き始めた後は、必要な関数があればStackageのHoogle Searchで検索しましょう。Yesodを作っているコードはyesod-coreパッケージにあります。

　関数や型は見付けたが使い方がよく分からない場合はGitHubで検索して実際に使っているコードを読みましょう。意外とあって、参考になります。

・Yesod Book
　　―http://www.yesodweb.com/book
　　―https://github.com/yesodweb/yesodweb.com-content
・Stackage
　　―https://www.stackage.org/
　　―https://www.stackage.org/package/yesod-core

第11章　Middlewareを作ってみよう - Katip によるリクエストロガー

WAIアプリケーションはMiddlewareという仕組みによって機能を追加することができます。この章ではMiddleware開発のサンプルとしてリクエストロガーを開発してみます。

Webアプリケーションでは通常、ページに届いたリクエストと閲覧者に返すレスポンスを記録するためにリクエストロガーが用いられます。

WAIのアプリケーションにおけるリクエストロガーはMiddlewareというしくみによって実現できます。stack newなどから構築できるYesodのテンプレートアプリケーションでも、この仕組みによるリクエストロガーが導入されています。

この章では、Middleware開発のサンプルとしてリクエストロガーを開発します。リクエストロガーの実装にはKatipという汎用的なロガーライブラリーを用い、その利用方法も併せて紹介します。

なおこの章におけるHaskell環境は次を用いています。

・LTS Haskell 10.10 (ghc-8.2.2)[1]

11.1　Middleware

WAIのMiddlewareはApplicationの通信の前後に任意の処理を挟み込むことができる仕組みです。その型は非常にシンプルで、Applicationを受け取ってApplicationを返す関数です（リスト11.1）。

リスト 11.1: Middleware の型

```
type Application =  Request
                 -> (Response -> IO ResponseReceived)
                 -> IO ResponseReceived
type Middleware  = Application -> Application
```

wai-extra[2]パッケージには多数のMiddlewareがまとめられています。Middlewareでどういうことができるかを知るために、いくつか簡単に見てみましょう。（モジュール名の先頭についているNetwork.Wai.Middlewareは省略します）。

Autohead

1.LTS Haskell 10.10 (ghc-8.2.2) :: Stackage Server https://www.stackage.org/lts-10.10

2.wai-extra :: Stackage Serverhttps://www.stackage.org/package/wai-extra

実装されているGETのレスポンスからHEADのレスポンスを自動的に生成します。

Gzip

レスポンスにGzip圧縮を施します。

RequestLogger

リクエストとレスポンスの情報をログ出力します。Yesodの公式テンプレートで使われているリクエストロガーはこれです。

MethodOverride

リクエストのパラメータに_method=PUTのようなものがあるとき、実際のHTTPメソッドに関わらず指定したメソッドとしてリクエストを扱います。HTMLのform要素はGETかPOSTしか送信できないので、そこからPUTを投げたい場合などに利用します。MethodOverridePostという類似のMiddlewareもあります。

AcceptOverride

MethodOverrideと同様に、リクエストのパラメータに_accept=text/htmlのようなものがあるときにリクエストのAcceptヘッダーを上書きします。

これらのMiddlewareがやっているように、MiddlewareはApplicationの中身にまで立ち入ることはできませんが、Applicationに渡る前のリクエストや返る前のレスポンスに手を加えたり覗き見たりすることができます。

11.2　多機能ロガーKatip

Katip[3]は多機能な汎用のロガーライブラリーです。特に他のロガーライブラリーが単体ではあまり持っていない、次のような機能を標準で持っています。

・タイムスタンプ
・ロガー階層
・構造化データ（JSON）の出力
・コンテキスト（一連のログに共通で出力する情報を追加する機能）
・冗長性レベル（V0, V1などのログレベル）

その代わり速度面ではfast-loggerほどには最適化されていないようです。fast-loggerはその名のとおり高速なロガーで、提供する機能こそシンプルですが他のロガーのバックエンドとしてよく使われます。Yesodはリクエストロガーとしてwai-extraパッケージのRequestLoggerと、アプリケーションロガーとしてmonad-loggerパッケージのMonadLoggerという2つのロガーライブラリーを利用していますが、これらのバックエンドは両方ともfast-loggerです。

Redditに投稿されたKatip開発者のコメント[4]によれば「Katipの目的はfast-loggerや他の

---

3. katip :: Stackage Serverhttps://www.stackage.org/package/katip
4. ANN: katip - A new structured logging framework for Haskell : haskellhttps://www.reddit.com/r/haskell/comments/4aeccu/ann_katip_a_new_structured_logging_framework_for/

Apache 風の効率的なロガーを打倒することではなく、構造化されたリッチなロギングを可能にすることが主な目的です（筆者による意訳）」とのことなので fast-logger とは目指すところが違うということなのでしょう。

今回はあくまで Middleware 開発のサンプルとして Katip によるリクエストロガーを作るわけですが、正直 fast-logger ほどパフォーマンス最適化されているわけでもないようなので、アクセスの多いサイトのリクエストロガーにはあまり向いていないかもしれません。しかしそれほど負荷が高くないサイトでよりリッチなリクエストログ出力を求めるのであれば、十分に選択肢に入ってくるでしょう。

さて Katip の最もシンプルな使い方はリスト 11.2 のようになります。

リスト 11.2: Katip のシンプルな使い方

```
{-# LANGUAGE OverloadedStrings #-}
import Katip
import System.IO (stdout)
import Control.Monad.Trans (lift)

main :: IO ()
main = do
  env <- initLogEnv "myapp" "test"                 -- 1.
  hs <- mkHandleScribe (ColorLog False) stdout DebugS V0 -- 2.
  env' <- registerScribe "stdout" hs defaultScribeSettings env
                                                   -- 3.
  runKatipContextT env' () "root" $ do             -- 4.
    logFM InfoS "a log"                            -- 5.
    lift $ print "not a log"                       -- 6.
  closeScribes env'                                -- 7.
  return ()

-- "not a log"
-- [2018-07-09 18:01:29][myapp.root][Info][ubuntu][24680][ThreadId
-- 7] a log
```

1. initLogEnv によって LogEnv を作成します。引数はアプリケーション名と実行環境名（prod とか test とか）です。LogEnv がロガー全体の設定になります。

2. mkHandleScribe によって Scribe を作成します。引数は色付き出力の有無、出力先ハンドル、重大性レベル、冗長性レベルです。Katip には 2 種類のログレベルがあり、この場合は重大性が DebugS 以上かつ冗長性が V0 以下のログを出力するようにしています。Scribe はログを実際に外部に書き出す関数で、標準で用意されている mkHandleScribe で作成する以外に自分で作成することもできます。

3．registerScribeでLogEnvにScribeを登録します。また登録する際には同時にScribeSettingsも渡します。これは現状ではバッファサイズの意味で、defaultScribeSettingsでは4096です。Scribeは複数登録することもできるので、標準出力とファイルの両方に出力するなどの設定も可能です。

4．runKatipContextTでロガーを起動します。引数はLogEnv、コンテキスト、ロガー階層名です。コンテキストというのはそれぞれのログに付加する情報のことで、ここでは空にしています。

5．logFMでログを出力します。引数は重大性レベルとメッセージです。logFMの他にもいくつかログ出力関数があります。

6．liftでIO関数をロガーに持ち上げて実行します。liftはmtlパッケージが提供しています。Katipはこの例のようにモナド変換子として他のモナドのと組み合わせる他、自作モナドにログ機能を導入するような使い方もできます。

7．LogEnvに紐付けられたすべてのScribeのバッファをフラッシュします。

リスト11.2の最後のコメント部はこのコードを実行した結果です。この出力フォーマットを決めているのはScribeです。Scribeにはログが発生するたびに次の情報が渡され、これらをフォーマットして外部に書き出す役目を持っています。

・ログメッセージ
・重大性レベル
・ロガー階層名
・コンテキスト
・タイムスタンプ、スレッドIDなどの環境情報

リスト11.2では標準のmkHandleScribeから作成しましたが、Scribeは自分で作成することもできます。たとえばログをデータベースに書き込むとか、HTTPのPOSTメソッドで送信するといったScribeが考えられるでしょう。

11.3　リクエストロガーの開発

リスト11.1に示したように、MiddlewareはApplicationを受け取ってApplicationを返す関数でした。同様にApplicationは「リクエスト」と「レスポンス返却処理関数」を受け取ってレスポンス返却を実行する関数でした。高階関数が重なって分かりづらいですが、何もしないMiddlewareを書いてみると多少分かりやすくなります（リスト11.3）。

リスト11.3: 何もしない Middleware

```
nopMiddleware :: Middleware
nopMiddleware = \app req sendResponse -> app req $ \res -> do
  sendResponse res
```

今回作りたいのはリクエストとレスポンスの両方を出力するロガーなので、リスト11.3の
sendResponseアクション実行の直前にログ出力を挟み込めばいいでしょう。リクエストとレ
スポンスの表示はひとまず後にして、sendResponseの直前にrunKatipContextTを置いて
みます（リスト11.4）。なおLogEnvは外から与えることにします。

リスト11.4: mkRequestLogger (1)

```
mkRequestLogger_1 :: LogEnv -> Middleware
mkRequestLogger_1 env = \app req sendResponse -> app req $ \res ->
do
  runKatipContextT env () "root" $ do
    logFM InfoS ""
  sendResponse res
```

リクエストロガーを作るには、このlogFMでリクエストとレスポンスの情報を出力できれば
いいわけです。その方法は2つ考えられます。

1つ目はリクエストとレスポンスから1つの文字列の値を作り、logFMの引数にする方法で
す。この方法は簡単ですが、一度文字列にしてしまうと元のリクエストとレスポンスが持って
いた情報を取り出しづらくなります。そのためScribeがリクエストとレスポンスの情報に応
じた処理を実装しようとしても難しくなってしまいます。

2つ目はリクエストとレスポンスを、ロガーのコンテキストとしてrunKatipContextTに渡
すことです。Katipにはコンテキストという機能があり、キーバリュー形式のデータをロガーに
渡すことができます。この方法であればリクエストとレスポンスの情報を保ったまま取り扱う
ことができます。ただしリクエストとレスポンスをコンテキストの形式に変換するという少々
の手間が必要です。

今回は2つ目の方法を取ってみます。まずリクエストとレスポンスをコンテキストとして扱
えるようにします。それにはデータをLogItemというクラスのインスタンスにする必要があり
ます（リスト11.5）。

リスト11.5:LogItemクラスとその周辺

```
class ToObject a => LogItem a where
  payloadKeys :: Verbosity -> a -> PayloadSelection

class ToJSON a => ToObject a where
  toObject :: a -> Object
  toObject :: ToJSON a => a -> Object

class ToJSON a where
  toJSON :: a -> Value
```

第11章　Middlewareを作ってみよう - Katipによるリクエストロガー　67

```
data Value = Object !Object | Array !Array | String !Text
           | Number !Scientific | Bool !Bool | Null

type Object = HashMap Text Value

data PayloadSelection = AllKeys | SomeKeys [Text]
```

登場人物が多いですが必要な手順はそれほど多くありません。大まかな流れは次のようになります。

1．リクエストとレスポンスをキーバリュー型の値に変換する関数を作成する。

2．冗長性レベルによって出力するキーを選択する関数を作成する。

早速実装してみましょう（リスト11.6）。（http-typesパッケージが必要です）。

リスト11.6: リクエスト・レスポンスのインスタンス化

```
{-# LANGUAGE OverloadedStrings #-}
import Katip
import Network.Wai
import Data.Aeson (object, (.=), Value(..), ToJSON(..))
import Network.HTTP.Types

data RequestPayload = RequestPayload Request Response

instance ToJSON RequestPayload where
  toJSON (RequestPayload req res) = object [
    "requestMethod"      .= show (requestMethod req)
  , "httpVersion"        .= show (httpVersion req)
  , "responseStatusCode" .= statusCode (responseStatus res)
  -- etc.
    ]

instance ToObject RequestPayload where
  toObject payload = case toJSON payload of
                       Object o -> o
                       _        -> error "failed to convert"

instance LogItem RequestPayload where
  payloadKeys V0 _ = SomeKeys [ "requestMethod"
                              , "responseStatusCode" ]
  payloadKeys _  _ = AllKeys
```

まずリクエストとレスポンスをまとめたRequestPayload型を作り、それを各クラスのイ

ンスタンスにしていっています。

　キーバリューを構成する値としては、リクエストのHTTPメソッド、HTTPのバージョン、
レスポンスのステータスを取得しています。これら以外にもリクエストとレスポンスからはい
ろいろな値が取得できます。

　冗長性レベルによる出力キーの選択では、V0のときはHTTPメソッドとステータスコードだ
けを出力し、V1以上ではすべてのキーを出力するようにしています。

　次はこれらによってリクエストロガーを構成してみましょう（リスト11.7）。

リスト 11.7: mkRequestLogger (2)

```
mkRequestLogger_2 :: LogEnv -> Middleware
mkRequestLogger_2 env = \app req sendResponse -> app req $ \res ->
do
  let payload = RequestPayload req res
  runKatipContextT env payload "root" $ do
    logFM InfoS ""
  sendResponse res
```

　このリクエストロガーを実行してみましょう。wai-extraパッケージのNetwork.Wai.Test
モジュールにはApplicationやMiddlewareのテストに使える関数が定義されていますの
で、それを使って実行します（リスト11.8）。

リスト 11.8: mkRequestLogger (2)の実行

```
{-# LANGUAGE OverloadedStrings #-}
import Network.Wai.Middleware.KatipRequestLogger
import Katip
import Network.Wai
import Network.Wai.Test
import Network.HTTP.Types

app :: Application
app _ respond = do
  respond $ responseLBS status200 [("Content-Type", "text/plain")]
"Hello"

runMW :: Middleware -> IO SResponse
runMW mw = runSession (request req) $ mw app
  where
    req = defaultRequest { pathInfo=["path", "sub"]
                         , rawPathInfo="path/sub" }
```

第 11 章　Middleware を作ってみよう - Katip によるリクエストロガー　69

```
main :: IO ()
main = do
  env <- initLogEnv "myapp" "test"
  hs <- mkHandleScribe (ColorLog False) stdout DebugS V0
  env' <- registerScribe "stdout" hs defaultScribeSettings env
  let requestLogger = mkRequestLogger_2 env'
  runMW requestLogger
  closeScribes env'
  return ()

-- [2018-07-09 18:42:28][myapp.root][Info][ubuntu][12556][ThreadId
-- 7][responseStatusCode:200][reosanai-a-lb8questMethod:"GET"]
```

リスト11.8の最後のコメントが実行結果です。最低限リクエストロガーと呼べるものになっています。

もう少しリクエストロガーらしくするために、次はリクエストパスを表示してみましょう。HTTPメソッド名などと同様にコンテキストにしてもいいですが、せっかくなのでKatipが持つロガー階層名の仕組みに便乗します（リスト11.9）。

リスト11.9: mkRequestLogger (3)

```
mkRequestLogger_3 :: LogEnv -> Middleware
mkRequestLogger_3 env = \app req sendResponse -> app req $ \res ->
do
  let payload = RequestPayload req res
  let namespace = Namespace $ pathInfo req
  runKatipContextT env payload namespace $ do
    logFM InfoS ""
  sendResponse res

-- [2018-07-09 18:44:56][myapp.path.sub][Info][ubuntu][13778]
-- [ThreadId 7][responseStatusCode:200][requestMethod:"GET"]
```

最後の行が実行結果です。実行のためのコードはリスト11.8とほぼ同じなので省略します。

これをさらにリクエストロガーらしくするためには出力フォーマットを変更する必要があるでしょう。出力フォーマットを決定しているのは先述のとおりScribeです。

ログの内容に関わらずScribeを使い回せるというのはKatipの大きなメリットです。事実（フォーマットに不満はあるものの）リクエストロガーとしてmkHandleScribeは動作しています。

今回は練習を兼ねて、Scribeの汎用性は下がってしまう代わりにリクエストロガーに特化

したScribeを作成してみましょう。標準で提供されているmkHandleScribeのソースコードを参考にmkHandleScribeReqを開発します（リスト11.10）。（aesonパッケージ、timeパッケージ、unordered-containersパッケージが必要です）。

リスト11.10: mkHandleScribeReq

```haskell
{-# LANGUAGE OverloadedStrings #-}
import Katip
import Network.HTTP.Types
import qualified Data.Text.Lazy as LT
import qualified Data.Text.Lazy.IO as LT
import qualified Data.Text.Lazy.Builder as LT
import qualified Data.HashMap.Strict as HM
import Data.Aeson
import Data.Time
import Data.List (intersperse)
import Control.Monad (when)
import System.IO
import Data.Monoid ((<>))

mkHandleScribeReq :: Handle -> Severity -> Verbosity -> IO Scribe
mkHandleScribeReq h sev verb = do
  hSetBuffering h LineBuffering
  return $ Scribe
    { liPush = \item -> do
        when (permitItem sev item) $
          LT.hPutStrLn h $ LT.toLazyText $ formatItemReq verb item
    , scribeFinalizer = hFlush h
    }

formatItemReq :: LogItem a => Verbosity -> Item a -> LT.Builder
formatItemReq verb item =
  nowToStr (_itemTime item) <> " " <>
  LT.fromText (renderSeverity $ _itemSeverity item) <> " " <>
  nsToStr (_itemNamespace item) <> " " <>
  formatRequestContext verb (_itemPayload item) <>
  (unLogStr $ _itemMessage item)
  where
    nowToStr = LT.fromString .
                 formatTime defaultTimeLocale "%Y-%m-%dT%H:%M:%S"
    nsToStr ns =
      case unNamespace ns of
        [] -> ""
```

第11章　Middlewareを作ってみよう - Katipによるリクエストロガー　　71

```
        (appName:rest) -> LT.fromText appName <> ":" <>
            (mconcat . map LT.fromText $ intersperse "/" rest)

formatRequestContext :: LogItem a => Verbosity -> a -> LT.Builder
formatRequestContext verb logItem =
  lookupStr "requestMethod" <>
  lookupStr "httpVersion" <>
  lookupStr "responseStatusCode"
  where
    lookupStr key =
      case HM.lookup key (payloadObject verb logItem) of
        Just (String x) -> (LT.fromText x) <> " "
        Just (Number x) -> (LT.fromString $ show x) <> " "
        _ -> ""

-- 2018-07-09T19:02:25 Info myapp:path/sub "GET" 200.0
```

　簡単のためにmkHandleScribeにあった色付き出力の機能はオミットしています。それ以外はmkHandleScribeReqはmkHandleScribeとほぼ同じです。

　ログ出力のフォーマットを定義しているのがformatItemReqとformatRequestContextです。formatItemReqがログ全体のフォーマット関数で、formatRequestContextがコンテキスト内にあるリクエスト・レスポンス情報のフォーマット関数です。

　実装には次のユーティリティ関数が使われています（リスト11.11）。これらはKatipがScribeの開発をサポートするために提供しているものです。

リスト11.11: Scribe実装ユーティリティ

```
permitItem :: Severity -> Item a -> Bool
payloadObject :: LogItem a => Verbosity -> a -> Object
```

　permitItemは現在の重大性レベルでそのログを表示するかどうかを判定する関数で、payloadObjectは現在の冗長性レベルで表示するコンテキスト内のデータを抽出する関数です。

　リスト11.10の最後の行がこのScribeを使ったログ出力の実行結果です。結構リクエストロガーっぽくなりました。

　さてリクエストロガーの開発はこれで終わります。このリクエストロガーの発展としては次のようなことが考えられるでしょう。

・リクエスト元アドレスやクエリパラメータなど、もっと表示する情報を増やす。

・レスポンスのHTTPステータスコードによってログの重大性レベルを変える。

・ログメッセージを活用する。特定のリクエストが来たときだけ何か表示するなど。

・リクエスト・レスポンスだけでなくアプリケーションの設定や状態なども出力する。

11.4 まとめ

この章ではWAIの`Middleware`開発のサンプルとして、またKatipという汎用ロガーの利用方法の紹介として、リクエストロガーを開発しました。`Middleware`はリクエストロガーのようなアプリケーションに影響を与えないものだけでなく、リクエストやレスポンスに手を加えるようなこともできます。発想次第であなたのWAIアプリケーション開発の幅を広げてくれることでしょう。

syocy

あとがき

いかがでしたでしょうか。

Yesodのコードを読み書きするために入門書には載っていないが知っておかないといけないことが結構多いですね。本書の主目的はそれをまとめることでした。

Yesodについてはほんの初歩しか載せていないので、本書を足掛かりにして、Yesod Bookを読んでいってもらいたいなと思います。

あと、本書は技術書典1で発刊した『遠回りして学ぶYesod入門（上）』の増補改訂版（？）となります。当初は単純に（下）だけ作るつもりでしたが、再構成したくなったのでこういう形になりました。

完全に執筆開始時期をまちがえました。コミケは当落発表が案外おそいんですね……

・Twitter
　—@kakkun61
・はてなブログ
　—http://kakkun61.hatenablog.com/
・ウェブサイト（レスポンスは返ってこない）
　—http://kakkun61.com/
・メールアドレス
　—kazuki.okamoto+doujin@kakkun61.com

岡本和樹

寄稿させてもらったsyocyです。もうちょっと本の趣旨(Yesod)に寄せればよかったかとも思いましたが、趣味に走ってしまいました。

読んでくれた方、ありがとうございました。また岡本和樹さん、寄稿させてもらってありがとうございました!

・Twitter
　—@syocy
・はてなブログ
　—http://syocy.hatenablog.com

小山内 一由

著者紹介

岡本 和樹（おかもと かずき）

代数的データ型と副作用の分離に惚れ込んで、宣伝活動をしている。街中の λ 形を探すのが日課。Twitter・GitHub は kakkun61。

小山内 一由（おさない かずよし）

2010年ごろにHaskellに触れ、面倒なチェックを機械におこなわせる魅力を知りHaskellを続けている。2017年より日本Haskellユーザーグループに参加。

◎本書スタッフ
アートディレクター/装丁：岡田章志＋GY
編集協力：飯嶋玲子
デジタル編集：栗原 翔

〈表紙イラスト〉
よろづ
会社員兼イラストレーター。かわいい女の子やマッチョやロボなど色々描きます。
https://www.pixiv.net/member.php?id=24726

技術の泉シリーズ・刊行によせて
技術者の知見のアウトプットである技術同人誌は、急速に認知度を高めています。インプレスR&Dは国内最大級の即売会「技術書典」（https://techbookfest.org/）で頒布された技術同人誌を底本とした商業書籍を2016年より刊行し、これらを中心とした『技術書典シリーズ』を展開してきました。2019年4月、より幅広い技術同人誌を対象とし、最新の知見を発信するために『技術の泉シリーズ』へリニューアルしました。今後は「技術書典」をはじめとした各種即売会や、勉強会・LT会などで頒布された技術同人誌を底本とした商業書籍を刊行し、技術同人誌の普及と発展に貢献することを目指します。エンジニアの"知の結晶"である技術同人誌の世界に、より多くの方が触れていただくきっかけになれば幸いです。

株式会社インプレスR&D
技術の泉シリーズ　編集長 山城 敬

●お断り
掲載したURLは2018年8月1日現在のものです。サイトの都合で変更されることがあります。また、電子版ではURLにハイパーリンクを設定していますが、端末やビューアー、リンク先のファイルタイプによっては表示されないことがあります。あらかじめご了承ください。
●本書の内容についてのお問い合わせ先
株式会社インプレスR&D　メール窓口
np-info@impress.co.jp
件名に「『本書名』問い合わせ係」と明記してお送りください。
電話やFAX、郵便でのご質問にはお答えできません。返信までには、しばらくお時間をいただく場合があります。なお、本書の範囲を超えるご質問にはお答えしかねますので、あらかじめご了承ください。
また、本書の内容についてはNextPublishingオフィシャルWebサイトにて情報を公開しております。
https://nextpublishing.jp/

●落丁・乱丁本はお手数ですが、インプレスカスタマーセンターまでお送りください。送料弊社負担 てお取り替え
させていただきます。但し、古書店で購入されたものについてはお取り替えできません。
■読者の窓口
インプレスカスタマーセンター
〒101-0051
東京都千代田区神田神保町一丁目105番地
TEL 03-6837-5016／FAX 03-6837-5023
info@impress.co.jp
■書店／販売店のご注文窓口
株式会社インプレス受注センター
TEL 048-449-8040／FAX 048-449-8041

技術の泉シリーズ
Haskellで作るWebアプリケーション
遠回りして学ぶYesod入門

2018年8月31日　初版発行Ver.1.0（PDF版）
2019年4月5日　　Ver.1.1

著　者　岡本 和樹,小山内 一由
編集人　山城 敬
発行人　井芹 昌信
発　行　株式会社インプレスR&D
　　　　〒101-0051
　　　　東京都千代田区神田神保町一丁目105番地
　　　　https://nextpublishing.jp/
発　売　株式会社インプレス
　　　　〒101-0051　東京都千代田区神田神保町一丁目105番地

●本書は著作権法上の保護を受けています。本書の一部あるいは全部について株式会社インプレスR
＆Dから文書による許諾を得ずに、いかなる方法においても無断で複写、複製することは禁じられてい
ます。

©2018 Kazuki Okamoto,Kazuyoshi Osanai. All rights reserved.
印刷・製本　京葉流通倉庫株式会社
Printed in Japan

ISBN978-4-8443-9851-6

●本書はNextPublishingメソッドによって発行されています。
NextPublishingメソッドは株式会社インプレスR&Dが開発した、電子書籍と印刷書籍を同時発行できる
デジタルファースト型の新出版方式です。https://nextpublishing.jp/